“水体污染控制与治理”国家科技重大专项
重点行业水污染全过程控制技术集成与工程实证独立课题
重点行业水污染源解析及全过程控制技术评估体系子课题
子课题编号：2017ZX07402004-3

皮革行业水污染全过程控制技术发展蓝皮书

廖学品　李玉红　姜　河　戴若菡　王　安　周建飞　编著

·北京·

图书在版编目（CIP）数据

皮革行业水污染全过程控制技术发展蓝皮书 / 廖学品等编著. —北京：科学技术文献出版社，2020.6（2021.10重印）

ISBN 978-7-5189-6570-0

Ⅰ.①皮… Ⅱ.①廖… Ⅲ.①制革工业废水—污染控制—研究报告—中国 Ⅳ.①X794

中国版本图书馆 CIP 数据核字（2020）第 045002 号

皮革行业水污染全过程控制技术发展蓝皮书

策划编辑：孙江莉 责任编辑：李 晴 责任校对：张永霞 责任出版：张志平

出 版 者 科学技术文献出版社
地　　址 北京市复兴路15号 邮编 100038
编 务 部 （010）58882938，58882087（传真）
发 行 部 （010）58882868，58882870（传真）
邮 购 部 （010）58882873
官方网址 www.stdp.com.cn
发 行 者 科学技术文献出版社发行 全国各地新华书店经销
印 刷 者 北京虎彩文化传播有限公司
版　　次 2020 年 6 月第 1 版 2021 年 10 月第 2 次印刷
开　　本 710×1000 1/16
字　　数 115千
印　　张 7.25
书　　号 ISBN 978-7-5189-6570-0
定　　价 36.00元

版权所有 违法必究

购买本社图书，凡字迹不清、缺页、倒页、脱页者，本社发行部负责调换

前　言

随着全球经济一体化进程的加快，世界制革工业中心进一步向我国转移，我国已成为全球制革大国，其产量占世界总产量的20%以上。制革工业作为我国具有国际竞争力的轻工业支柱行业，在国民经济中占有举足轻重的地位，承担着繁荣市场、增加出口、扩大就业、服务“三农”的重要任务。我国既是皮革生产大国，同时也是原料皮消耗大国、出口创汇大国和皮革制品消费大国。目前，制革行业正承担着由“大国”向“强国”转变的重要战略任务。皮革工业目前已进入了新旧动力转换、结构优化、全面提升发展质量的关键时期。产业梯度转移和区域聚集发展正步入规范、整合、调整、升级的阶段，将着力推进供给侧结构性改革，坚持创新驱动，不断提升皮革行业可持续发展能力。

皮革行业包括制革、毛皮及其制品和制鞋业。制革是将生皮鞣制成革的过程。制革过程包括除去毛和非胶原纤维间质等，使真皮层胶原纤维适度松散、固定和强化，再加以整饰（理）等一系列化学（包括生物化学）、机械处理过程。制革和毛皮加工过程的湿加工工段基本都是在水中进行的，因此，用水量和废水排放量均较高。皮革行业废水具有成分复杂、色度深、悬浮物多、好氧量高、水量大、水质不稳定等特点。成品皮革由原料皮加工而来，原料皮的加工过程就是加工胶原蛋白和角蛋白的过程，加工过程中大量的胶原和毛发被分解，以蛋白质的形式进入废水中，大大增加了废水中的污染负荷。由于传质的限制，导致有些化工原料的吸收率较低，加入水中的化工原料不能被原料皮完全吸收，剩余的化工原料进入废水中。例如，制革生产中的浸灰脱毛工序，所使用的石灰、硫化钠的吸收率较低，从转鼓中排出时硫化物浓度高达5000 mg/L，COD达数万mg/L；又如，鞣制和复鞣工序中使用三价金属铬盐作为鞣剂，虽然含铬废液可以回收利用，但回用到生产工序中容易影响产品的质量，且利用率较低，排出的含铬废水三价铬浓度高达2500 mg/L。另外，制革及毛皮加工废水的排放还因为原料皮（牛皮、羊皮、猪皮等)、加工工艺、成品皮革（鞋面革、服装革、沙发革、箱包革等）的不同，导致废水水质相差特别大，这些都是影响制革及毛皮加工废水处理效果的因素。

我国是畜牧养殖大国，猪、牛、羊存栏量均居世界前列，其副产品生皮经过制革及毛皮加工过程使资源得到再利用，附加值大大提升，不但增加了养殖业的收入，而且避免了因其腐烂变质而造成的环境污染。因此，皮革行业是一个符合循环经济范畴的行业。

制革及毛皮加工过程会产生环境污染，这也是整个皮革产业链中污染的主要来源。在改革开放初期，由于企业的环保意识不强、管理不严、生产水平较低，制革行业生产给局部地区环境造成了一定的污染。但随着行业经济的发展，国家环保管理力度不断加大，企业环保意识逐步增强，皮革行业的污染治理技术和清洁生产技术水平逐步提升，从而使皮革行业污染得到了有效治理。

据测算，2017 年我国制革行业废水产生量为 1.31 亿 t，COD_{Cr}产生量为 39.38 万 t，氨氮产生量为 2.63 万 t，经治理后行业废水排放量为 1.01 亿 t，COD_{Cr}排放量为 9966 t，氨氮排放量为 2114 t。由此可以看出制革行业的污染是完全可以治理的，但从国家总体环保要求来看，制革行业除了末端污染治理外，同时也要重视减少制革过程中废水和污染物的产生，从而达到制革废水和污染物总量的最小产生和排放。这也是我国制革行业未来满足国家环保要求、实现绿色制造的必由之路。

因此，必须对制革废水污染从全过程的输运、分布及状态进行深入解析，为水污染全过程治理奠定坚实的基础。同时，通过对水污染控制技术的综合量化评估，为制革行业水污染控制寻找到合适的处理技术。本蓝皮书总结了制革废水的处理技术，以节水减排和清洁化生产为指引，以废水深度处理并回用为目标，结合国外先进水处理技术，构建适合于行业的先进适用的全过程水污染控制技术的指导性文件，以满足制革行业水污染清洁化治理的需要。本蓝皮书得到了水体污染控制与治理科技重大专项“水污染全过程控制集成与工程实证”独立课题之子课题“重点行业水污染源解析及全过程控制技术评估（297ZX07402004－3）”的资助。

由于水平有限，书中难免存在差错和纰漏，敬请批评指正。

目 录

1 皮革行业水污染特征与控制技术需求

1.1 皮革行业概况

皮革行业系轻工业中的重要产业，也是重要的民生产业，承担着繁荣市场、增加出口、扩大就业、服务“三农”的重要任务，在经济和社会发展中发挥着重要作用。如今，随着全球经济一体化进程的加快，世界制革工业中心进一步向我国转移，皮革工业作为我国具有国际竞争力的轻工业支柱行业、科技含量高的循环经济产业，在国民经济中占有举足轻重的地位。我国已成为全球制革大国，也已成为世界皮革贸易最活跃、最有发展潜力的市场之一[1]。

皮革行业涵盖了制革、制鞋、皮衣、皮件、毛皮及其制品等主体行业，以及皮革化工、皮革五金、皮革机械、辅料等配套行业。皮革行业具有上下游关联度高，依靠市场拉动，产品常青，集创汇、富民、就业为一体的特点。中国皮革行业，经过调整优化产业结构，在全国已初步形成了一批专业化分工明确、特色突出、对拉动当地经济起着举足轻重作用的皮革生产特色区域和专业市场。它们的形成，奠定了中国皮革行业发展的基础。在竞争日趋激烈的市场环境中，中国皮革业能取得如此成绩实属不易，也由此证明了中国皮革业生命力的旺盛与强大[2]。据统计，2017 年全国规模以上（销售收入 2000 万元以上）皮革、毛皮及制品和制鞋业企业销售收入为 13 674 亿元，出口额为 787 亿美元。其中，规模以上制革企业 632 家，销售收入为 1591 亿元，轻革产量为 6.3 亿 m^2，约占全球产量的 43%。我国是世界鞋类生产大国、出口大国和消费大国，2018 年我国年产各种鞋类约为 135 亿双，占世界总产量的 57.5%，国内制鞋业连同配套行业从业人员近 200 万人，生产企业达 5 万家以上，制鞋企业累计完成销售收入 7738.24 亿元。我国鞋类产品出口主要集中在美国、欧盟、俄罗斯、日本及东南亚等 130 个国家和地区。2007—2018 年我国皮革行业轻革产量、生产总值和利润如图 1－1 至图 1－3 所示。可见，我国皮革行业已取得了显著发展。但是，由于受市场结构变化及中美贸易摩擦的影响，2018 年我国皮革行业轻革产量、生产总值及利润均有明显程度的下降，这就要求我们必须注重皮革行业节水减排，走绿色和可持续发展道路。

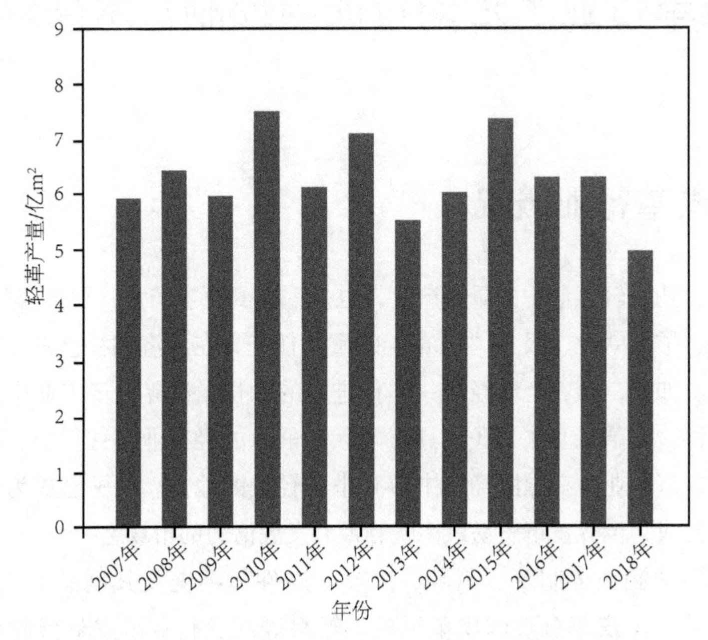

图 1－1　2007—2018 年皮革行业轻革产量

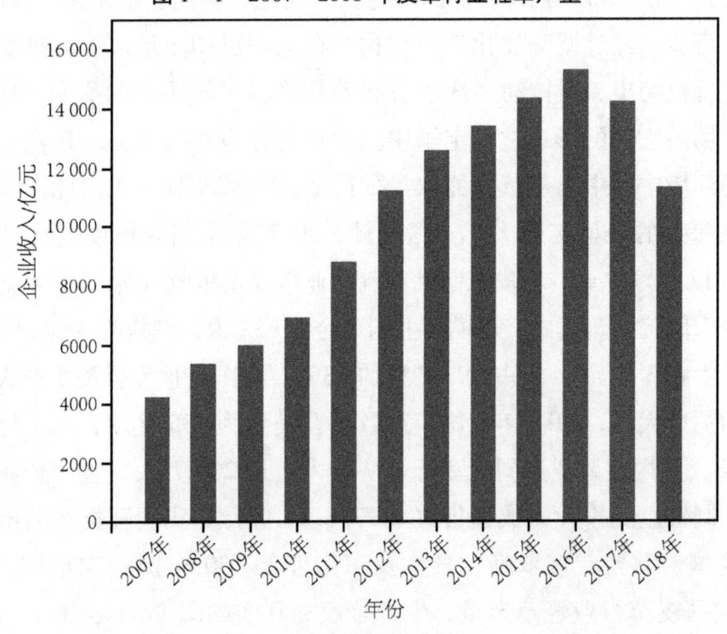

图 1－2　2007—2018 年皮革行业规模以上企业收入

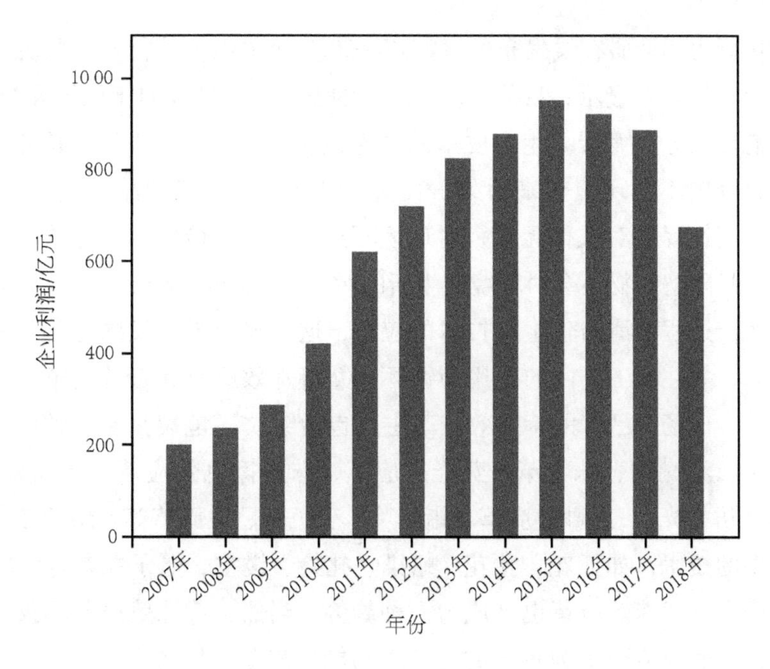

图 1-3 2007—2018 年皮革行业规模以上企业利润

"十三五"期间，根据《中国制造 2025》《国家创新驱动发展战略纲要》《"十三五"国家科技创新规划》《轻工业技术进步"十三五"发展指导意见》等，得益于国家重点研发计划、国家自然基金等国家有关皮革行业科技项目的大力支持，皮革领域的基础科研、产品研发、关键基础材料制备等都取得了长足进步，特别是融合生物技术、智能制造、新材料和新工艺等高新技术，在一定程度上提升了传统皮革领域的技术升级，衍生出一些新兴产业，正逐步完成传统皮革领域的转型升级[3]。"十三五"期间，皮革领域侧重生态皮革相关技术的发展，通过国家重点研发计划项目的实施，经过产学研用的共同努力，生态皮革鞣制染整关键材料及技术、皮革关键酶制剂与生物技术、生态皮革关键涂层材料等一批关键共性技术已取得突破，研发出适合于生态皮革/裘皮产品的无铬鞣剂、两性染整材料及相关配套新工艺、皮革关键酶制剂及生态皮革涂层材料，某些成果达到了国际先进水平，经济、社会效益显著。同时，通过采用新技术、新工艺和新材料，整体提升了皮革领域的资源综合利用率，大幅减少了相关污染物的排放，综合消耗明显下降。"十三五"期间，整个皮革行业科技研发投入明显增加，具有自主知识产权的创新产品增多，行业已逐步进入动力转换、结构优化、全面提升行业发展质量的关键时期。

据中国市场调研在线发布的《2017—2023 年中国皮革行业现状分析与发展趋势研究报告》显示，目前，皮革行业的发展越来越趋向于以下几个方面：①向生态皮革方向发展。生态皮革的概念包含了以下 4 个方面：首先，在生产制造过程中不给环境带来污染；其次，将其加工成革制品的过程中无害；再次，使用过程中对人体无害，对环境不产生污染；最后，废弃物可以被生物降解，且降解产物不会对环境产生新的污染。在生产过程中，皮革产业将更加注重生产过程中清洁化生产技术的应用，这就要求要开发绿色化学品和无污染工艺，并注重工艺内的再用与循环。②特殊效应革和特种皮革不断被应用。目前，市场上已有的特殊效应革主要包括皱纹（龟裂）革、摔纹革、擦色效应革、消光革、珠光革、荧光效应革、珠光擦色效应革、仿旧效应革、水晶革（仿打光）、磨砂效应革、蜥蜴革、变色革、绒面革等。纺织工业及其他行业中的技术，如抓花、扎花、蜡染、扎染、镂空、电子雕花等移植到皮革行业中生产特殊效应革也已成为一种趋势。当然，特殊效应革不仅仅局限于外观的表面效应，更为重要的是开发功能性皮革，如防水革、防油革、防污革、阻燃革、水洗革、芳香性皮革等。目前市场上的特种皮革主要有鱼皮革、蛇皮革和鸵鸟皮革，这些需要顶尖和高档的原料。③越来越多的高新技术被应用到皮革行业领域，如超声波技术、电子技术、微波和高压技术都应用到了皮革领域，未来的纳米技术也会应用到皮革，对皮革的设计和制造影响也是很大的。例如，超声波技术可以使皮革更加均匀一致，而且可以使酶具有可转移性，也可以降低皮革的废物产生量。并且超声波技术会更加容易地使皮革化学品渗透到原料皮中，四川大学在这方面也进行了研究，并且取得了初步的成功。纳米技术在皮革行业中的应用也在逐渐展开，这方面四川大学和陕西大学已经进行了探讨，并且取得了初步的成效。例如，开发了纳米鞣剂，可以解决材料污染的问题；纳米涂饰剂具有抗菌污染等特性。同时，四川大学还率先开展了以天然皮革为基础的功能皮革研究，如具有微波屏蔽和吸收功能的皮革，可用于油水分离的超疏水皮革，具有 X 射线防护功能的皮革等。

1.2 皮革行业水污染来源及特征

1.2.1 皮革行业水污染物种类、来源及污染特征

1.2.1.1 制革行业废水来源及种类

制革工艺主要包括准备、鞣制、整饰三大工段。准备阶段是对原皮的初步加工，此工段包括浸水、脱脂、脱毛、浸灰、脱灰、软化等工序。鞣制工段是皮革加工的主要工段，是实现由皮到革的质变过程，包括浸酸、鞣制等工序。整饰工段主要分为湿态染整和干态整饰两个部分，其中湿态染整包括复鞣、染色、加脂等工序；干态整饰主要为涂饰工序，涂饰工序主要为干法操作，故不在此书中进行详述。结合采用等标污染负荷法对皮革行业水污染源解析的结果对制革生产过程的主要工序进行简要说明。

（1）鞣前准备工段

准备工段是指原料皮从浸水到浸酸之前的操作，其目的是除去原料皮中不需要的物质（如头、蹄、耳、尾等废物），以及血污、泥沙和粪便、防腐剂、杀虫剂等；该工段的目的是使原料皮恢复到鲜皮状态，以使经过防腐保存而失去水分的原料皮便于制革加工，并有利于化工材料的渗透和结合；除去表皮层、皮下组织层、毛根鞘、纤维间质等物质，适度松散真皮层胶原纤维，为成革的柔软性和丰满性打下良好基础；使裸皮处于适合鞣制状态，为鞣制工段顺利进行做好准备。

在该工段中，污水主要来源于水洗、浸水、脱毛、浸灰、脱灰、软化、脱脂等工序。主要污染物为：①有机废物，包括污血、泥浆、蛋白质、油脂等；②无机废物，包括盐、硫化物、石灰、Na_2CO_3、NH_4^+、NaOH 等；③有机化合物，包括表面活性剂、脱脂剂等。

鞣前准备工段的废水排放量占制革总水量的70%以上，污染负荷占总排放量的70%左右，是制革废水的最主要来源。

1）浸水

生皮经过防腐、储存和运输后，水分会有所损失而且含量各不相同；原

料皮常带有各种污物，如泥沙、粪便、血污等，这些污物在加工前必须除去；在原料皮保存期间，随着水分的减少，会使原料皮纤维组织黏结在一起，原料皮的物理化学性质和空间结构都会发生变化；大量防腐剂的存在会影响制革加工，所以原料皮加工的第一个工序便是浸水或者水洗。

原料皮浸水时主要加入渗透剂、防腐剂、杀虫杀菌剂、酶等化料，使原皮恢复到鲜皮状态，废水中主要成分有血污、蛋白质、油脂、盐、毛发、泥沙、固体悬浮物、浸水助剂、表面活性剂等，会产生 COD、BOD、悬浮物、硫化物、油脂、氯离子、总氮、氨氮等特征污染物。

通过对牛皮加工企业调研得到的数据和实验室测定的数据进行综合分析，可以得出在浸水工序中氯离子排放量最大，其废水中浓度达到10 000 mg/L 以上，这是因为制革工业中原料皮的防腐保存一般采用盐腌的方式，将皮重30% ~40% 的 NaCl 用于防腐[4]，引入了大量的氯离子，这是浸水工序中氯离子的主要来源。另外，浸水时根据工艺要求还会加入一定量的 NaCl，因此，这也是造成浸水工序氯离子含量高的另一个原因[5]。废水中来自原料皮上的血污、水溶性蛋白质、油脂等是 COD、BOD 的主要来源。悬浮物主要来自原料皮上的毛发、泥沙等。废水中的氨氮、总氮主要来自浸水助剂、表面活性剂、脱脂剂及溶解性蛋白等。

2）脱脂

生皮中含有的脂肪将严重影响制革加工及成革的品质，特别是脂肪含量高的绵羊板皮和猪皮等原料皮，脂肪含量高的牛皮同样也要进行脱脂。脂肪的存在影响制革加工过程中化学材料向皮内的渗透及与皮纤维上活性基团的反应与作用。这些反应与作用包括皮纤维的分散，鞣剂分子、染料油脂等分子与皮的反应，以及纤维间质、表皮、毛根和毛根鞘等物质的除去，从而影响整个湿操作工段各工序甚至涂饰操作的正常进行，导致产品品质的下降。由此可见，脱脂对脂肪含量高的原料皮的作用重大。

脱脂工序主要加入的化料有脱脂剂、表面活性剂、溶剂等，用来去除原料皮表面及内部油脂，因此，废水中会含有蛋白质、油脂、盐、毛发、表面活性剂、脱脂剂等，产生的特征污染物主要为 COD、BOD、SS、pH、油脂、氯离子等。

通过对牛皮加工企业调研得到的数据和实验室数据进行综合分析，可以得出脱脂废水中氯离子含量仍然很高，这些氯离子还是主要来源于原料皮防腐时加入的 NaCl，据实验证明浸水皮进行连续 10 次水洗，也不能将皮中的氯离子完全洗脱出来，表明氯离子可能与皮胶原纤维产生了一定的相互作用。脱脂后的废液中含有大量脂肪，有机物含量较高，因此，导致废水中 COD 和 BOD 浓度较高。悬浮物浓度也较高，主要来自泥沙、蛋白质、脂类物质等。

3）脱毛

脱毛就是从皮上除去毛和表皮。脱毛的主要目的：一方面是为了使毛和表皮与皮分开，达到使皮张的粒面花纹裸露，成革美观、耐用；另一方面是进一步除去皮的纤维间质、脂肪等对制革过程没有用的物质，松散胶原纤维，使成革具有符合要求的物理机械性能和感观性能。

脱毛的方法有很多种，如灰碱法脱毛、酶脱毛、氧化脱毛、发汗法脱毛、烫退法脱毛等。其中灰碱法脱毛是目前制革厂普遍采用的方法，因为此法脱毛效果好、操作简单、成本低，所以得到了很多制革厂的青睐。

采用灰碱法脱毛时，将加入 Na_2S、NaHS、酶类激活剂或抑制剂、石灰等化工原料，脱毛完成后，废水中会含有大量脱下的毛、皮蛋白水解物及加入的石灰等化料，所以脱毛废水中主要产生 COD、BOD、SS、S^{2-}、油脂、氯离子、总氮、氨氮等特征污染物，这些污染物主要来源于废水中的蛋白质、油脂、盐、毛发、石灰等。

通过对牛皮加工企业调研得到的数据和实验室数据进行综合分析，可以得出脱毛废水中有机物含量很高，这些有机物主要来源于溶解的毛及蛋白质，因此，导致废水中 COD 和 BOD 浓度较高，占制革废水 COD 总量的 30% ~ 40%[6]。悬浮物主要是来自脱毛时加入的一定量的石灰和硫化钠，以及毛被毁掉后形成的毛糊，所以脱毛废水中含有大量的悬浮物。硫化物是因为加入硫化钠的原因，含量也较高。其他污染物如油脂、氯离子、总氮和氨氮浓度相对较低。

4）浸灰

原料皮中胶原纤维如果不经过适当松散就进行鞣制，成革身骨就会僵硬，粒面粗糙，延伸率低，生长痕明显，弯曲时很容易产生裂面现象，这些都是严重的品质问题。所以要想制造出性能优良、手感丰满柔软、不松面、不裂面的成革，就必须对胶原纤维结构进行适当的松散。浸灰能使原料皮的胶原纤维结构和胶原蛋白发生适当的转变，可以松散胶原纤维结构，为鞣制和后继操作创造必要的条件，因此，浸灰是十分必要的。几乎所有的制革生产都有浸灰工序，浸灰和鞣制操作之间的相互协调平衡，是生产所需物理性能成革的主要途径。皮革行业有句老话说“好皮出在灰缸里”，这也说明了浸灰的重要性。不过浸灰时用水量大，加入的化料多，污染严重，是制革过程中一个主要的污染工序。

浸灰工序为了去除表皮及毛，并松散胶原纤维使皮膨胀，将加入石灰、硫化钠、浸灰助剂等化工材料。因此，将产生 COD、BOD、SS、S^{2-}、pH、油脂、氯离子、总氮、氨氮等特征污染物，主要来自废水中的蛋白质、油脂、盐、毛发、浸灰助剂、石灰、硫化物等。

通过对牛皮加工企业调研得到的数据和实验室测定的数据进行综合分析，可以得出浸灰废液中 COD 和 BOD 浓度较高，这是因为浸灰时胶原蛋白水解及去除的纤维间质含有白蛋白、球蛋白、粘蛋白和类粘蛋白等蛋白质，还有毛的水解物，导致废水中含有大量的有机物，所以废水中 COD、BOD 浓度较大。悬浮物多是因为采用灰碱法浸灰时加入了硫化钠和石灰，所以灰渣多、悬浮物含量高。氯离子浓度仍然很高，主要还是来自原料皮上的食盐。其余污染物含量相对较少。

5）脱灰

浸灰后皮中吸附大量的灰碱，处于膨胀的状态。脱灰就是为了将裸皮中的石灰和碱部分或者全部去除。脱灰一是为了消除灰皮的膨胀，调节裸皮的 pH 值，为后续工序创造必要条件；二是为了去除灰裸皮中的灰碱，以利于后工序化工材料的渗入和结合。存在于灰裸皮中的游离态灰碱总量占湿裸皮质量的 0.66% ~1%（以 CaO 计），脱灰时应将这些碱全部去除。脱灰方法有化学脱灰法、水洗脱灰法、二氧化碳脱灰法等，现今制革厂常用的方法是使用铵盐脱灰剂的化学脱灰法。用铵盐脱灰作用温和，操作安全便利，且价格低廉。但是用铵盐脱灰剂脱灰后，会增加废水中氨氮的含量，增加废水处理的难度，因此，铵盐脱灰剂的使用逐渐受到限制。

采用铵盐脱灰时，加入的辅料有铵盐、无机酸等，脱灰主要产生 COD、BOD、SS、S^{2-}、油脂、氯离子、总氮、氨氮等特征污染物，主要来自蛋白质、盐、石灰、固体悬浮物等。

通过对牛皮加工企业调研得到的数据和实验室测定的数据进行综合分析，可以得出脱灰废水中总氮和氨氮含量很高，这是因为脱灰时常用硫酸铵和氯化铵脱灰剂，会带来大量的氨氮，这类脱灰剂来源广、控制简单、价格低，能够满足脱灰的需要，是我国各制革厂普遍采用的一类消耗量最大的脱灰材料。然而也由于此类脱灰剂的使用，导致脱灰废水中氨氮含量增加，增大了废水处理难度。废水中的悬浮物主要来源于灰皮上脱下来的灰碱，以及脱灰剂和灰发生作用生成的难溶物等。COD 和 BOD 主要来源于溶解的皮蛋白等有机物。

6）软化

软化就是用胰酶或其他蛋白酶处理脱完灰的裸皮。软化使得成革的柔软度、丰满性、透气性、延伸性、粒面的光滑细腻性、手感等方面都有一定的提升。软化是准备工段的一个关键工序，轻革都要进行不同程度的软化，灰碱法脱毛后，软化更是不可或缺的工序。软化能消除皮垢，对裸皮内油脂、弹性蛋白、肌球蛋白进行水解作用，而且进一步松散胶原纤维。目前普遍采用的软化方法是酶软化，因此，软化废水中含有大量的酶和蛋白质水解物，氨氮浓度较高，是制革过程中产生氨氮的主要工序之一。

软化工序会加入酶及助剂，主要是为了皮身软化，并分散胶原纤维，为后续鞣制做好准备。软化废水中特征污染物主要有 COD、BOD、SS、S^{2-}、pH、油脂、氯离子、总氮、氨氮等，废水中的蛋白质、盐、酶等是这些污染物的主要来源。

通过对牛皮加工企业调研得到的数据和实验室测定的数据进行综合分析，可以得出软化废水中总氮和氨氮含量很高，这是因为软化时常加入铵盐，因为制革工作者研究发现软化时加入铵盐可使浴液 pH 值保持在 7.5 ~ 8.5，pH 值缓冲性良好，在此 pH 值范围内胰酶活力相对稳定，对软化有一定的促进作用[7]。因为铵盐的使用，致使软化废水中的氨氮含量较高。脱灰时形成的难溶性钙盐是废水中悬浮物的主要来源。COD 和 BOD 主要来源于酶软化过程中降解的皮蛋白和油脂等有机物。硫化物的含量相对较低。

（2）鞣制工段

鞣制工段包括浸酸和鞣制两个工序，它是将裸皮变成革的质变过程。鞣制后的革与原料皮有着本质的不同，它在干燥后可以用机械的方法使其柔软，具有较高的收缩温度，不易腐烂，耐化学药品作用，卫生性能好，耐曲折，手感好等特点。

在该工段中，污水主要来自浸酸和鞣制两个工序。主要污染物为无机盐、总铬等。其污水排放量约占制革总水量的 10%。

1）浸酸

浸酸就是用酸和盐的溶液处理经软化后裸皮的操作，主要是为了调节裸皮的pH值，使之适合鞣制操作，或者出于防腐保存的需要；其次是能进一步松散胶原纤维结构，在酸用量大、时间长时这种效果更明显。另外，浸酸时加入有机酸能起到蒙囿作用，加入醛、铝盐等预鞣剂起预鞣作用，加入少量加脂剂则起预加油的作用。

软化后浸酸主要加入的化料有NaCl、无机酸、有机酸等，为了对裸皮酸化，调节pH值，达到鞣制的条件。因此，浸酸废水中含有蛋白质、无机盐、有机酸、无机酸、悬浮物等，这将产生COD、BOD、SS、氯离子、总氮、氨氮等特征污染物。

通过对牛皮加工企业调研得到的数据和实验室测定的数据进行综合分析，可以得出浸酸液是由酸、盐按照一定的比例溶解于水后形成的，其中的酸通常以硫酸为主、有机酸为辅（如甲酸或乙酸），其盐为工业用氯化钠。硫酸及盐的用量以碱皮重作为基准，其用量一般是：含量在98%以上的硫酸用量多为碱皮重的0.8%～1.2%，工业有机酸为0.2%～0.6%；盐的用量为碱皮重的5%～8%。浸酸废液中氯离子浓度很高，就是来源于加入的氯化钠，而且该工序排放的盐量占总污水中总盐量的20%左右，是产生盐污染的第二大工序，仅次于浸水工序。浸酸工序主要是酸和盐污染，其他的污染物含量相对较低。

2）鞣制

用鞣剂处理裸皮使之变成革的过程称为鞣制。目前制革厂使用的鞣剂90%以上都是铬鞣剂。铬鞣革革色浅淡，粒面细腻，具有很好的染色和涂饰性能；物理性能优良，特别是具备高度的延伸性，柔软、丰满的手感和较高的收缩温度，良好的透水、透气性；良好的化学稳定性，对碱稳定性较好，对微生物、酸的抵抗力也较高；良好的起绒性和耐水洗性。铬鞣剂因其良好的鞣制性能和铬鞣革优异的成革性能是各制革厂的首选，但是铬鞣剂的吸收率只有65%～75%，因此，铬鞣废水中含有大量的铬离子，有时浓度会到达2500 mg/L以上，会造成制革废水处理困难，对环境污染严重，影响人体健康。因此，世界各国的皮革化学家针对如何提高铬利用率和减少铬用量的问题，研究清洁化铬鞣技术，在保证皮革产品质量的同时减轻对环境的影响并提高铬资源利用率。

铬鞣时为了使胶原稳定，主要加入的化料有铬粉及助剂、碳酸氢钠等。铬鞣主要会产生COD、BOD、SS、氯离子、总氮、氨氮、总铬等特征污染物，蛋白质、无机盐、铬粉、有机酸等是这些特征污染物的主要来源。

通过对牛皮加工企业调研得到的数据和实验室测定的数据进行综合分析，可以得出铬鞣往往直接在浸酸废液中进行，所以铬鞣废液中的氯离子含量也很高，其主要来源于浸酸时加入的氯化钠。铬鞣一般加入碱皮重5% ~8%的铬粉，而铬的吸收率只有65% ~75%，所以导致铬鞣废液中的铬浓度很高。水解的蛋白等有机物是COD和BOD的主要来源。

（3）鞣后湿整饰工段

整饰工段包括鞣后湿整饰和干整理两个部分，铬初鞣后的湿铬鞣革称为蓝湿革。为进一步改善蓝湿革的内在品质和外观，需要进行鞣后湿处理，以增强革的粒面紧实性，提高革的柔软性、丰满性和弹性，并可染成各种颜色，赋予成革某些特殊性能。

在该工段中，污水主要来自水洗、中和、复鞣、染色、加脂等工序。主要污染物为染料、油脂、有机化合物、铬、树脂等。鞣后湿整饰工段的污水排放量约占制革总水量的20%。

1）复鞣

蓝湿革经过分类挑选、挤水、肉面补伤、剖层、削匀、修边、称重后进行复鞣。复鞣是鞣后湿加工的关键工序，因为复鞣可以改善皮革的观感品质和皮革的特性。一次或单一的一种鞣制往往很难满足成革的性能要求，因此，复鞣几乎也成为制革过程中不可或缺的一环。铬复鞣可以弥补主鞣时的鞣制不足，使整张革含铬量均匀，提高革的丰满度、柔软度、染色均匀性及耐湿热稳定性。

蓝湿皮铬复鞣时，加入的化工材料主要有铬鞣剂、无机盐等。因此，复鞣工序主要污染物有无机盐、悬浮物、铬等，将产生COD、BOD、SS、氯离子、总氮、氨氮、总铬等特征污染物。

通过对牛皮加工企业调研得到的数据和实验室数据进行综合分析，可以得出铬复鞣时一般加入蓝皮重4%左右的铬粉，皮胶原纤维对过量的铬鞣剂吸收不完全，另外，由于进入皮胶原纤维中的铬有很大一部分没有结合或结合很弱，以单点结合和游离形式存在于皮胶原纤维中，在物理和化学作用下容易释放进浴液中，所以铬复鞣废液中铬浓度较高[8]。

2）中和

铬鞣和铬复鞣后的革是呈酸性的，在酸性条件下，铬鞣革带有很强的正电荷，此时如果用带负电荷的胶体溶液，如染料、植物鞣剂、阴离子加脂剂处理革时，这些阴离子胶体会很快沉积于革的表面，出现革表面色花、油腻、表面过鞣等问题，因此，必须在复鞣后，染色加脂前中和蓝湿革的酸性。一般是先用水洗去除未结合的酸和中性盐，然后用弱酸强碱盐提高革中 pH 值，以削减所带的正电荷，这就是中和操作。中和有多深，染色加脂有多深，中和的好坏程度对染料、加脂剂的吸收和分布影响都很大，是湿整饰工段的一个重要环节。

蓝湿皮复鞣后中和工序主要产生 COD、BOD、SS、氯离子、总氮、氨氮、总铬等特征污染物，中和加入的无机盐、表面活性剂及中和过程中产生的悬浮物、蓝湿皮中释放出的铬等物质是产生这些特征污染物的主要原因。

通过对牛皮加工企业调研得到的数据和实验室测定的数据进行综合分析，可以得出 COD 和 BOD 主要来自牛皮降解产物、有机材料等有机物，氯离子主要来自加入的含氯无机盐及从皮中渗透出的氯离子，氨氮和总氮来源于皮蛋白的降解物、无机氨盐等，总铬来自从皮中释放的铬及革表面水洗掉的铬。

3）染色加脂

皮革的染色是指用染料溶液处理皮革，使皮革上色的过程。染色的目的是使皮革具有一定的颜色，皮革经过染色后可改善其外观，使之适应流行风格，从而增加它的商品价值。通常，染色后也会同浴进行加脂，皮革的加脂是用油脂或加脂剂对皮革进行处理，该过程会使皮革吸收一定量的油脂，从而赋予皮革一定的物理、机械性能和使用性能。染色和加脂是同浴进行的。因此，染色加脂废水色度高、油脂含量大、污染物成分复杂多样。

染色、加脂往往是同时进行的，染色加脂废液主要有 COD、BOD、SS、油脂、氯离子、总氮、氨氮、总铬等特征污染物，这些污染物是由加入的染料、油脂、有机酸及产生的悬浮物、铬等产生的。

通过对牛皮加工企业调研得到的数据和实验室数据进行综合分析，可以得出皮革染色常用的直接染料和酸性染料多为有机物，还有加脂时加入了一定量的动植物油脂，所以 COD 和 BOD 主要来自有机染料、油脂、皮降解有机物及固色时加入的有机酸等。皮革加脂时会加入一定量的加脂剂，对于牛皮一般用量为皮重的 5% ~10%，而加脂剂的吸收率不是很高，所以废液中油脂含量较高。

因此，染色加脂废液中的油脂主要来源于加入的加脂剂。氯离子主要来自加入的含氯的无机盐及从皮中渗透出的氯离子，氨氮和总氮来源于皮类蛋白的降解物、无机氨盐等，总铬来自从皮中释放的铬及革表面水洗掉的铬。

1.2.1.2　制革行业废水特征

（1）水量和水质波动大[9]

水量和水质波动大是制革工业废水的又一特点。制革加工的废水通常是间歇式排放，其水量变化主要表现为时流量变化和日流量变化。

①时流量变化。由于皮革生产工序不同，在每天的生产中都会出现生产高峰。通常一天内可能会出现 5 h 左右的高峰排水。高峰排水量可能为日平均排水量的 2～4 倍。

②日流量变化。根据操作工序的时间安排，在每个周末，准备工段的各工序可能停止，因此，排水量约为日常排水量的 2/3，而周日排水则更少，形成每周排水的最低峰。

③水质变化大。皮革废水水质变化同水量变化一样差异很大，随生产品种、生皮种类、工序交错而变动。例如，某猪皮制革厂，综合废水平均 COD 为 3000～4000 mg/L，BOD 为 1500～2000 mg/L。由于工序安排和排放时间不同，一天中 COD 在 4000 mg/L 以上的情况会出现 4～5 次，BOD 值在2000 mg/L 以上的情况会出现 3 次以上。综合废水 pH 值平均为 8～10，而一天中 pH 值最高可达 11，最低为 2 左右，水质变化大，这显示出污染物排放的无规律性。

（2）高悬浮物浓度、高 pH 值、高含盐量及高色度

制革过程中会产生大量的悬浮物，多来源于碎皮、毛渣、油脂等，含量在 2000～4000 mg/L。废水 pH 值为 8～10，碱性首先来自脱毛膨胀用的石灰、烧碱和硫化物。大量的氯化物、硫酸盐等中性盐主要来源于原料皮保存、脱灰、浸酸和鞣制工序，废水中盐含量可达 2000～3000 mg/L，随节水及循环工艺的实施，废水中盐含量可高达 4000～6000 mg/L。当饮用水中氯化物含量超过 500 mg/L 时，就会尝出咸味，如高达 4000 mg/L 则会对人体产生危害。中性盐的存在对生化处理具有显著的抑制作用，而常规方法难以去除废水中的中性盐。另外，制革废水的色度比较高，这是由于鞣制、复鞣、染色等工序废水引起的，稀释倍数一般在 600～3600 倍。

（3）含硫、铬和难降解有机物等有毒化合物[10]

S^{2-}来自脱毛浸灰，加工1 t盐湿牛皮需耗40 kg硫化物，排放15～18 kg的S^{2-}，当pH值小于9.5时，硫化氢气体会从废液中散出，厂内危害严重；Cr^{3+}有70 %来自铬鞣、26 %来自复鞣，废水中Cr^{3+}含量一般在60～100 mg/L，传统制革过程中加工1 t盐湿皮消耗铬盐约50 kg，排放总铬3～4 kg。有机物主要包括来自防腐剂的酚类物质、合成鞣剂、植物鞣剂中的高聚物、染料及人工合成的各种表面活性物质。随着有机鞣剂和各种助剂的大量使用，难降解有毒的有机物在水中的含量有持续增加的风险。

（4）可生化性好

制革综合废水可生化性较好，由于制革废水中含有大量的可溶性蛋白、脂肪、动物油脂等有机物和一些低分子量有机酸，BOD/COD比值通常在0.40～0.45。但是，制革生产过程中的废水含有大量氯离子和未完全吸收利用的硫酸盐，在后续生产过程中这些高浓度的无机盐离子对微生物有很强的毒害作用。另外，硫酸盐的存在，在一定的条件下可转变为二价硫离子，这样废水的处理难度就会增加。因此，选择生物处理技术必须充分考虑氯离子浓度和高硫酸盐对生化反应过程中微生物生长的影响[11]。

1.2.1.3 毛皮加工行业水污染物种类、来源及污染特征

毛皮加工产生的污染物类型和浓度与制革污水类似，但是毛皮加工过程没有脱毛、浸灰和脱灰工序，不用硫化碱，因此，减少了很大一部分COD和悬浮物。毛皮因带毛加工，为了防止毛打结，一般在划槽中加工，液比也比较大，因此，毛皮加工用水量较大。毛皮加工主要工序的产污分析如下。

（1）浸水

为了生皮的保存和运输，往往会进行干燥和盐腌处理。正常加工时，原料皮都需要经过浸水，才能保证加工的正常进行。原料皮的浸水使其恢复至鲜皮状态，重新回软，还能除去毛被及皮板上的污物和防腐剂，初步溶解生皮中的可溶性蛋白，为后续各工序化工材料的渗透和作用打好基础。毛皮加工要求最大限度地保留毛被优良的天然特性，浸水时要尽量不掉毛、不毁毛。

原料皮浸水时主要加入浸水助剂、防腐剂、杀虫杀菌剂、酶等化料，废水中主要成分有血污、蛋白质、油脂、盐、毛发、泥沙、固体悬浮物、浸水助剂、表面活性剂等，其特征污染物包括COD、悬浮物、油脂、氯离子、氨

氮和总氮。

（2）脱脂

以绵羊皮为例，真皮中含脂量可达到皮重的30%，毛被中则含毛重10%的羊毛脂和30%的脂肪酸盐。脱脂可以除去毛被上多余的油脂，使毛被蓬松、洁净、有光泽；可以除去皮板里外的脂肪，为后续化工材料的顺利渗透与作用提供条件；可以进一步除去纤维间质，适当松散胶原纤维。因此，为保证后续操作的顺利进行，以及化工材料的均匀渗透，必须除去皮内的油脂，否则会造成鞣制不良、染色不均、加脂不好、成品质量差等后果。

脱脂工序加入的化料主要有脱脂剂、表面活性剂、溶剂等，用来去除油脂，因此，废水中含有蛋白质、油脂、盐、毛发、表面活性剂、脱脂剂等。特征污染物为COD、BOD、SS、pH值、油脂、总氮、氨氮、氯离子。

（3）软化

软化是用生物酶制剂处理毛皮，使皮板柔软、可塑性增加的操作。毛皮加工不能像制革加工一般进行浸灰处理以防碱性物质损伤毛的鳞片层、破坏毛的光泽、降低毛与皮板的结合牢固度。因此，毛皮加工纤维的分散主要靠软化、浸酸。酶制剂软化毛皮可以进一步溶解纤维间质，使皮柔软多孔，有利于鞣剂均匀地渗透结合；可以分解皮内油脂，改变弹性纤维、网状纤维和肌肉组织的性质，使皮柔软可塑；还可以进一步改变胶原纤维的结构性质，使其适度松散，成品才能具有弹性、透气性、柔软性。

软化工序会加入酶及助剂，主要是为了皮身软化，并分散胶原纤维，为后续鞣制做好准备。软化废水的主要特征污染物为COD、BOD、SS、pH、油脂、氯离子、氨氮和总氮，废水中的蛋白质、盐、酶等是这些污染物的主要来源。

（4）浸酸

用酸和中性盐的溶液来处理毛皮的操作称为浸酸。同时为了避免酶软化过度，终止软化酶继续发挥功能，常用的办法是降低溶液pH值。铬鞣溶液呈酸性，与脱脂软化溶液的pH值相差很大，必须进行浸酸处理才能防止毛皮吸收鞣液中的酸，否则将导致铬盐沉淀、阻碍渗透、毛皮发硬，缺乏柔软性和延展性。浸酸还可以改变皮的表面电荷，促进铬在皮中均匀分布；进一步松散胶原纤维，提高成品品质。

浸酸主要加入的化料有中性盐、无机酸、有机酸等，浸酸废水中含有蛋白质、无机盐、有机酸、无机酸、悬浮物等，这些会产生 COD、SS、pH、氯离子、总氮、氨氮等特征污染物。

（5）鞣制

生皮经过鞣制，改变了皮胶原的化学和物理性质，使毛皮具有耐湿热稳定性、耐微生物及化学品作用的能力。鞣剂分为铬鞣剂和无铬鞣剂，使用的鞣剂不同，鞣制机制及效应各异。废水中铬的含量是环境评价中非常关注的指标，虽然认为 Cr^{3+} 基本没有毒性，但有转化为 Cr^{6+} 的风险，而 Cr^{6+} 的毒性较高。在提高铬的利用率、减少铬鞣剂的使用方面，专家们做出了相当多的努力。目前已有毛皮加工企业采用一种有机磷鞣剂进行鞣制，消除了可能的铬污染，是一种较为清洁的生产方法。

鞣制时主要加入的化料有鞣剂及助剂、碳酸氢钠等。除总铬外，鞣制工序的特征污染物主要有 COD、BOD、SS、pH、氯离子、总氮、氨氮等。

（6）复鞣

复鞣是对已鞣制好的皮坯根据加工成品的需求进行又一次鞣制，主要作用是补充初鞣的不足、满足后续加工要求。复鞣是毛皮湿态整饰中的一个步骤，使毛皮从前期具有一定共同特性的熟皮变为突出特点的产品，是提高其使用性能和附加值的步骤。毛皮加工企业大多采用铬复鞣，提高皮板收缩温度，提高产品的耐贮藏性，增加皮板的丰满性、弹性、强度和耐化学试剂的稳定性。染色前后均可进行复鞣步骤，有些种类的产品可进行不止一次复鞣。

复鞣剂主要有铬鞣剂、植物鞣剂、合成鞣剂等。复鞣工序的特征污染物主要有 COD、SS、pH、氯离子、总氮、氨氮、总铬等，主要是由无机盐、悬浮物、铬等引起特征污染物的产生。

（7）染色加脂

毛皮染色使毛皮跳出单纯的御寒物品，转而成为一种彰显美与个性的商品，皮毛和皮板都是可染的对象，根据不同的市场需求可随意调整，还可以进行印花等后续操作。染色后也会同浴进行加脂，毛皮的加脂主要是针对皮板而言的，但与制革加脂不同，对皮板加脂可改善毛被的油润光泽感，但不能沾污毛被，引起其发黏、不松散。所以毛皮加脂对加脂剂的选择、加入量控制及其操作要求都更加严格。

染色、加脂往往是同浴进行，染色加脂废液主要有 COD、SS、pH、油脂、氯离子、总氮、氨氮、总铬等特征污染物，这些污染物是由加入的染料、油脂、有机酸及产生的悬浮物、铬等产生的。

1.2.2　皮革行业水污染危害及污染控制必要性分析

1.2.2.1　皮革行业水污染的危害

皮革行业产生的主要污染物及其危害表现在以下方面[10]。

（1）铬污染

皮革行业生产的成革中90%以上都是用铬鞣制的，铬鞣主要采用Cr^{3+}，鞣制时铬的吸收率只有65%～75%，大量的铬残留在浴液中，可能造成环境污染和资源浪费。不仅铬鞣废液中会残留Cr^{3+}，而且复鞣、中和、染色加脂等湿整饰过程中也会因为部分铬脱鞣而进入废液。一方面，这些铬以溶解状态排放出来，经处理后的排放铬在自然环境中会以吸附态、碳酸盐结合态、有机结合态及各种束缚形态存在，在水体和土壤中得到净化的同时，存在一定的累积效应。在自然环境下，Cr^{3+}氧化为Cr^{6+}的转化量有限，Cr^{6+}转化为Cr^{3+}极为容易，只有当Cr^{3+}浓度足够高且满足一定氧化条件时，才有可能转化为Cr^{6+}。经处理后废水中排放出的Cr^{3+}一般不具有这种可能性，只有当含铬的固体废弃物直接进入环境时才容易发生。一般认为Cr^{3+}无毒或低毒，但Cr^{6+}比Cr^{3+}的毒性高100倍，且具有溶解度和迁移性大、易被人体吸收和在体内蓄积的特点。Cr^{6+}对人体健康具有很大的危害，有明显的致癌、致畸和致突变作用，会对动植物机体造成不同程度的损伤。另一方面，世界铬资源分布不平衡，我国人口众多但铬资源较少，需要进口大量铬矿，因此，减少铬资源的浪费显得尤为重要。Cr^{3+}的排放有可能对环境造成负面影响，而且浪费资源，必须予以重点关注。

（2）硫化物污染[12]

制革废水中硫化物主要来源于硫化钠和硫氢化钠等皮革化学品的使用，以及脱毛过程中毛的降解。在碱性条件下，硫化物主要以溶解态存在。当pH低于9.5时，硫化氢气体会从废液中释放出来，pH值越低释放速度越快。硫化氢的毒性与氰化氢相当，对人体的神经系统、眼角膜危害很大（大于10 mg/L）。当硫化氢气体浓度较低时，人会出现头痛、恶心等症状（大于100 mg/L），浓度较高时，会致人失去知觉、死亡（大于500 mg/L）。硫化氢气体易溶解，形成弱酸溶液，具有很强的腐蚀性，它易造成金属构件的腐蚀，甚至腐蚀下水道中的金属紧固件。如果直接排放到地表，即使在低浓度条件下，它也有很大的毒性危险，会造成水体缺氧，导致鱼类和水生生物死亡。废水中的悬浮物沉入河底，有机物质在厌氧环境下分解会导致水质发臭变黑。此外，当含有大量硫化物的废水流入农田，会使农作物的根系腐烂、茎叶枯萎，导致农作物减产减收。高浓度的硫化物对废水生化处理也产生很大的影响，能降低活性污泥的沉降性能，使固液分离效果下降，从而影响出水水质。

（3）中性盐污染

皮革生产过程中排放的中性盐主要有两类：氯化钠和硫酸盐。氯化钠主要产生于原料皮的保藏（原料皮含盐20%～30%）和制革浸酸工序（使用皮重5%～8%的食盐）。硫酸盐主要来自工艺过程中使用的硫酸、大量含硫酸盐的化工材料及废液中硫化物被氧化所形成的。中性盐易溶于水且稳定，很难通过常规水处理的方法去除。大量中性盐进入废水并被排放到环境中，会导致土壤盐碱化，影响植物生长，还会造成混凝土结构受损、金属管道腐蚀等危害，如果进入地下水中，将严重影响环境及人类的身体健康。废液中的硫酸盐还有可能被厌氧菌降解产生硫化氢。

（4）油脂污染[9]

制革及毛皮加工过程中通过去肉和脱脂除去的皮下组织和皮结构中的中性油脂，或加脂过程中加脂剂没有被原料皮吸收完全的部分，在废水混合时也会产生油脂。当油脂沉积物漂浮时，它们会吸附其他物质形成团簇，常常会导致堵塞问题，特别是在废水处理系统中。假如地表水被一层薄油脂所污染，就会减少空气中的氧向水中转化的速率。如果这些油脂以乳液形式存在，则是可生物降解的，但其耗氧量很高。

（5）氨氮污染

皮革生产废水中的氨氮含量较高，是制革废水处理的难点之一。在制革废液中有不同形式的含氮物质，主要来自制革脱灰、软化过程使用的无机铵盐和脱毛过程中毛等蛋白成分降解所产生的有机含氮化合物。废水中氨氮过高，将导致水体富营养化。较高的氨氮浓度对鱼类等水生动物有致命的毒害作用，对人体也有不同程度的危害。

（6）悬浮物

皮革废水中的悬浮物含量很高，这些悬浮物主要是油脂、碎肉、皮渣、石灰、毛、泥沙、血污，以及一些不同工段的污水混合时产生的蛋白絮集体、

$Cr(OH)_3$ 沉淀等絮状物。如果不加以处理而直接排放，这些固体悬浮物可能会堵塞机泵、排水管道及排水沟。

（7）化学需氧量（COD）和生物需氧量（BOD）

皮革废水中蛋白质等有机物含量较高且含有一定量的还原性物质，所以COD和BOD都很高，若不经处理直接排放会引起水源污染，促进细菌繁殖；同时，污水排入水体后需要消耗水体中的溶解氧，而当水中的溶解氧低于4 mg/L时，鱼类等水生生物的呼吸将会变得困难甚至死亡。

1.2.2.2　皮革行业水污染控制的必要性分析

（1）国家和产业政策的要求[13]

受环境容量制约，我国经济社会发展面临的资源环境约束更加突出，节能减排形势日趋严峻，工作强度不断加大。

2013年，为依法惩治环境污染犯罪，最高人民法院、最高人民检察院联合发布了《关于办理环境污染刑事案件适用法律若干问题的解释》。对有关环境污染犯罪的定罪量刑标准做出了新的规定，进一步加大了打击力度。

2014年，第十二届全国人大常委会第八次会议通过了新修订的《环境保护法》，于2015年1月1日起正式实施。该法通过赋予环保部门直接查封、扣押排污设备的权力，提升环保执法效果，通过设定“按日计罚”机制，倒逼违法企业及时停止污染，并且在赋予执法权力的同时建立了相应的责任追究机制。

2015年，国务院发布了《水污染防治行动计划》，从全面控制污染物排放、推动经济结构转型升级等10个方面开展防治行动。其中针对制革行业提出了专项治理方案及一系列清洁化改造要求。同时，工业和信息化部针对制革行业发布了《制革行业规范条件》，该规范从企业布局、企业生产规模、工艺技术与装备、环境保护、职业安全卫生和监督管理等方面，对制革行业提出了要求。该规范的发布对规范行业投资行为、避免低水平重复建设、促进产业合理布局、提高资源利用率、保护生态环境具有重要意义。

随后，国务院印发了《中国制造2025》，部署全面推进实施制造强国战略，明确“绿色制造”是未来中国制造的重要目标之一，以此加快实现我国由资源消耗大、污染物排放多的粗放制造向绿色制造的方式转变。

《国民经济和社会发展第十三个五年规划纲要》将“资源环境主要污染物

排放总量减少”列为今后5年经济社会发展的主要目标之一。提出主要污染物化学需氧量、氨氮排放分别减少10%，二氧化硫、氮氧化物排放分别减少15%。

不难看出，环保工作现已被提升到前所未有的高度，做好节水减排工作是解决环境问题的根本途径，是减轻污染的治本之策，是实现经济又好又快发展的一项紧迫任务，更是科学发展、社会和谐的本质要求。

（2）生态环境的需求

生态环境为人类活动提供不可缺少的自然资源，是人类生存发展的基本条件。然而与发达国家相似，我国同样也经历了以牺牲环境为代价换取经济与社会迅猛发展的阶段。期间，大气、水体、土壤、海洋、生态环境都遭到了不同程度的污染。随着国家和社会环保意识的增强，局部环境得到改善，但污染物的排放量仍然处于一个非常高的水平，总体环境继续恶化，生态赤字逐渐扩大，人与自然、发展、环境之间的矛盾日趋尖锐。若不改变经济优先的发展模式，必将导致人与生态环境的关系遭到持续破坏，为生态环境带来长期性、积累性的不良后果，最终威胁人类社会的生存。因此，改善生态环境质量，维护人民健康，是保证国民经济长期稳定增长和实现可持续发展的前提，这是关系人民福祉、关乎子孙后代和民族未来的大事。在改善生态环境的过程中，制革行业需通过开展节水减排降低环境污染负荷，保障可持续发展所必需的环境承载能力，维持经济发展和人居环境改善所必需的环境容量，实现生态平衡、经济与生态的协调发展，实现人与自然的和谐永续。

（3）人民消费的需求

随着人们生活水平的不断提高和环保意识的增强，消费观念逐渐发生转变，由过去片面追求商品价格开始向绿色消费过渡。中国消费者协会的市场调查显示，绝大多数消费者在购买产品时会考虑环境因素，愿意选择未被污染或有助于公众健康的绿色产品，同时注重产品生产过程的环境友好性。越来越多的人愿意通过主动购买绿色产品的方式，改善环境质量。放眼国际，更是有80%以上的欧美国家消费者，购物时选择将环境保护问题放在首位，并愿意为环境清洁支付较高的价格。显然，绿色消费模式改变了以往只关心个人消费、漠视社会生活环境利益的倾向。崇尚自然、追求健康，注重环保、节约资源的消费方式进入更多人的生活，它已成为一种全新的消费理念，逐渐为公众所接受。

绿色消费既是一种行为选择，也是一种消费理念，更是未来的发展方式和消费模式，国内外消费者对绿色环保产品的需求越发强烈，制革行业只有顺应市场，积极推广生态皮革认证，使皮革产品满足消费者的绿色消费需求，赢得市场的认可，才能在未来激烈的市场竞争中占有一席之地的同时，取得低碳环保和行业发展的双赢。

（4）提升国际市场竞争力的需求

基于对生态环境、人类健康及各国相关产业的保护需要，世界各国通过制定严格的技术规范及相关法律，对国外产品进行准入限制，尤其是发达国家凭借技术优势，对环境保护和节约能源制定了一系列法规和技术标准，客观上形成了国际贸易中的“绿色壁垒”。过去我国在发展过程中忽视了环境因素，导致环境质量和污染控制方面较发达国家水平低，造成我国企业在产品质量、污染治理方面同国外发达国家和地区有较大差距，使我国出口产品在国际市场上面临越来越多的绿色壁垒，影响了我国产品的国际竞争力。

显然，环境标准与法规已直接关系到我国制革企业在国际贸易中的市场准入和出口产品的竞争力，面临更加激烈的国际市场竞争。节能减排已成为制革企业提升国际竞争力的现实需要，只有通过提高产品的生态标准，保证产品的生态环保特性，才能顺利取得进入国际市场的“绿色通行证”，从而提高产品的出口竞争力，可以说节能减排已成为我国制革企业提升国际竞争力的必由之路[14]。

1.2.3 皮革行业水污染控制存在的问题

1.2.3.1 工艺技术

制革是一种传统工业，就目前我国发展水平而言，正处于技术更新、产品升级的阶段，正从只注重产品技术向产品技术与清洁生产技术并重的过程跃进，在这一发展过程中仍存在一些问题：在清洁技术开发和应用方面，产学研用的合作广泛性和深度不够，已开发的单元清洁技术的成熟性、经济性、适用性尚不理想；企业需注意单元清洁生产技术之间及清洁生产技术与常规技术之间的工艺平衡研究，在保证皮革品质的同时实现污染物的减排，而多数制革企业对这方面认识不足；行业亟须加强各项单元清洁生产技术的集成链接验证、调试和完善，使清洁生产技术真正转化为有效益的技术。

1.2.3.2 生产设备

“工欲善其事，必先利其器”，作为皮革工业的一翼，我国的皮革机械行业却发展的相对晚一些。我国拥有悠久的制革历史，但在新中国成立前一直以手工作坊为主，机械化程度较低。新中国成立后，随着制革工业的快速发展，制革机械工业也才逐渐发展，然而当时制造基础薄弱。随着现代电子技术和控制技术的发展，这些技术正逐渐被应用到制革机械行业中，促进了制革机械行业的发展。皮革生产机械设备的自动化和现代化使得整个皮革生产系统节约了能源和材料，并大大减少了废物的排放。目前，我国制革机械行业发生了向好的巨大改变，但国内机械同意大利等欧洲国家相比仍存在一定差距，主要表现在我国目前尚无专业制革机械和环保设备的研发机构，研发力量薄弱，技术创新能力驱动不足，在精密机械的稳定性和可靠性上还有待增强；企业自身的原因包括目前制革企业已经完成了生产线的规划和建设，而新设备的使用受场地、技术条件所限，无法安装或达到预期效果；新设备的引入会带来投资的增加等问题[15-16]。

1.2.3.3 皮革化工材料

我国皮革行业是以制革、制鞋、皮衣、皮件、毛皮及其制品等为主体行业，以皮革化工、皮革机械、皮革五金、鞋用材料等为配套行业组成的一个完整产业链。目前，我国皮革制品产量和消费量均居世界第1位，取得了举世瞩目的成就。我国虽然已是世界皮革工业大国，但还不是强国。皮革化工材料对皮革的鞣制加工和后续的整饰起着决定性作用，没有高品质的皮革化工材料，就无法获得高质量的成品皮革，也难以加工生产出优质高档品牌的皮革制品。皮革化工属于皮革产业链发展中的重要一环，我国皮革化工材料无论是从品种上还是从性能上与国外相比还存在一定差距，这是我国皮革行业发展前进的薄弱环节，即所谓的短板。国内的皮革化工材料多属于中低端产品，高端产品主要依靠国外进口，而且关键技术仍然掌握在国外大公司手中。纵观现在，展望未来，皮革行业应借助高科技的力量，建设皮化研究开发中心、孵化基地、工程技术中心等，加大投入，成立技术联盟，只有开发高端皮革化工材料，才能实现清洁制革。从源头上消除或减少污染物排放量和减少有毒、有害物质的排放量，实现经济与环境的协调发展。开发绿色、环保、安全、高效的皮革化工材料，才能实现皮革工业环保、清洁、近零排放的发展目标。

“十三五”期间，我国皮革化工材料整体的基础研究、关键共性技术、关键性基础材料、新工艺等方面已取得长足进步，逐步缩减了与国外先进水平的差距，但行业整体自主创新能力建设仍比较薄弱，关键共性技术和新材料的研发仍不足。国内外皮革化工材料的差距主要表现在以下几个方面：①基础理论研究存在较大差距。国外各大皮化公司一直很重视基础理论研究。他们为此不惜花费了很长时间，做了很多的工作。国外十分重视应用机制、皮革化工材料制造机制等各方面的理论研究工作，使皮化产品的档次和质量品种配套达到较高水平。②品种少、配套水平低。国内生产的皮革化工材料占国内需求量的60%左右，其余缺口材料需要国外材料来补充。这一缺口并不是国内皮革化工材料生产能力不够，而是品种少、配套水平差、性能不够好、质量不稳定，特别是高性能的皮革化工材料远不能满足制革工业的需要。例如，皮革行业关键性高档化工材料仍主要依赖于进口，尤其是有机鞣剂、生物酶制剂、加脂剂、涂层材料等的整饰材料等。③缺乏聚合物单体。我国皮化产品档次不高的主要原因是缺乏合成聚合物的单体，特别是高端复鞣剂、加脂剂、防水剂等合成所需要的特殊单体。一是国外进口成本高，二是国外出于技术封锁的目的而限制出口。此外，还要使皮革化学品逐渐走向绿色化[17-19]。

1.2.3.4　废水处理

目前，我国制革行业的废水处理仍存在不够合理之处，主要表现为以下几个方面。

一是处理模式的问题。限于制革企业规模、经济效益、地方政策等原因，我国30%～40%的制革企业对废水采取自行处理达标后直接排放的方式，更多企业采用将废水排入园区或市政污水管网的方式，其中一部分企业将废水直接或经简单物化处理后排放到园区或市政污水管网，这种方式明显不适应现代管理的要求，加工原料和产品风格的多样性，再加上制革废水成分的复杂性，使得多家企业废水混合后再治理的直接结果就是园区/城镇污水综合治理较难达标或运行成本过高。另外，制革企业不直接进行废水处理，就会忽视废水处理的难度，从而降低废水分流、节水减排的主观能动性。

二是多工序废水混合治理。现阶段，我国多数制革企业仍采取各工序废水混合后综合处理的方式。制革过程各工序的废水差异明显，成分复杂，混合处理在增大处理难度的同时会降低处理效果。

三是现有脱氮技术流程长，效率低。制革废水呈现出高悬浮物、高油脂、高总氮 、高氨氮的特点，传统的 A/O 工艺在处理制革废水过程中存在水解酸化不彻底、污泥量大、出水氨氮不稳定等问题。

四是氯离子的控制与技术经济性的问题。含高浓度氯离子的废水容易引起管道腐蚀，进入环境中会增加地表水和地下水的盐碱度，容易引起土壤的盐碱化，从而影响植物生长，危害人类健康。随着人们环保意识的逐渐提高，我国发布的《制革及毛皮加工工业水污染物排放标准》（GB30486—2013）规定，新建制革企业氯离子指标定为3000 mg/L，毛皮加工企业氯离子指标定为4000 mg/L。无论是从现有工艺特点、清洁生产技术的实施水平，还是从末端处理技术几个方面分析，企业都难以达到新的氯离子排放标准限值。

现有制革及毛皮加工企业采用的污水末端治理常规技术中，目前有效的脱盐技术一般包括 RO 法、电渗法和离子交换法等，由于氯离子易溶于水，目前的末端处理技术很难降低废水中的氯离子含量，且这些方法只有在废水深度处理中才能适用，而对含有较高有机物、悬浮物和大量中性盐的制革废水是无法直接应用的。同时此类技术投资成本和运行成本均很高，投资在6000 元/t · d 左右，且制革废水中含有的油脂、钙离子等对渗透膜的危害大，导致后期的维护成本很高。

1. 2. 3. 5 环境管理

目前，我国制革行业对各类污染物管控的相关法律法规已非常健全和完善，相应的监测、管控部门配套也很完善，执行情况也非常严格。但企业尚处于被动管理阶段，对污染物治理也主要采取末端治理。企业对环境行为的认知程度和实施能力有待提高。现阶段大部分企业只关注污水的末端治理，仅有少部分企业关注污染源头控制、固体废物减量化和无害化处理、废气污染治理等问题。将生产加工与环境治理分开，这样很容易造成污染治理成本高、效率低、事故多等问题。且部分企业的废水处理设施只是流于形式，应对环保检查而已。因此，需改变观念，对环境行为有一个科学的认识，制定源头控制、末端治理和生态生产的全过程综合管理方案，推行清洁生产，做到节能降耗，降低生产和环境成本，变被动为主动的环境管理，将皮革园区的环境管理行为与企业的环境治理水平形成一个互相促进的共同体，这样才可能实现制革行业的可持续发展。

1.3　皮革行业相关政策导向及污染控制难点与关键点

1.3.1　皮革行业相关产业政策、环境法律法规及环境排放标准

1.3.1.1　国内皮革行业相关产业政策

制革行业系轻工业中的重要产业，也是国民经济的重要产业，承担着繁荣市场、增加出口、扩大就业、服务“三农”的重要任务，在经济和社会发展中发挥着重要作用。为支持制革行业的快速、健康发展，国家、地方相继出台了一系列的产业政策，具体如表1-1所示。

表1-1　皮革行业相关产业政策汇总

序号	发布时间	实施时间	发布部门	名称
1	2006-02-21	2006-02-21	国家环境保护总局、国家发展和改革委员会、科技部	《关于发布〈制革、毛皮工业污染防治技术政策〉的通知》（环发〔2006〕38号）
2	2009-12-11	2009-12-11	工业和信息化部	《关于制革行业结构调整的指导意见》（工信部消费〔2009〕605号）
3	2010-02-06	2010-02-06	国务院	《关于进一步加强淘汰落后产能工作的通知》（国发〔2010〕7号）
4	2014-05-04	2014-05-04	工业和信息化部	《制革行业规范条件》（2014年第31号）
5	2016-08-05	2016-08-05	工业和信息化部	《轻工业发展规划（2016—2020年）》
6	2016-08-30	2016-08-29	中国皮革协会	《皮革行业发展规划（2016—2020年）》
7	2019-10-30	2020-01-01	国家发展和改革委员会	《产业结构调整指导目录（2019年本）》

《关于发布〈制革、毛皮工业污染防治技术政策〉的通知》（环发〔2006〕38号）内容总则（控制目标）主要为鼓励采用清洁生产技术，淘汰落后工艺；集中制革、污染集中治理；节水工艺；推荐制革废水的治理工艺；推荐制革固体废物综合利用技术；鼓励开展研发项目。

鼓励采用清洁生产工艺和节水工艺，使用无污染、少污染原料，逐步淘汰严重污染环境的落后工艺，彻底取缔3万标张皮以下的制革企业，集中制革、污染集中治理，制定更为严格、科学的制革污染物排放标准，严格控制污水达标排放，2010年年底前，企业逐渐采用清洁生产技术，废水经过二级生化法处理；2015年年底前，全行业基本采用清洁生产技术，满足清洁生产的基本要求。

《关于制革行业结构调整的指导意见》（工信部消费〔2009〕605号）的主要内容包括制革工业结构调整的主要任务和重点工作是立足国内畜牧业发展，增加国内原料皮供给；调整产业布局，促进行业可持续发展；调整产品结构，发展绿色制革；加快自主创新步伐，改造提升制革工业；淘汰落后生产能力，提高行业准入门槛；大力推进节能降耗，减少制革污染。主要政策措施包括加大政策扶持力度，稳定原料皮供应；制定有关规定和标准，加快行业结构调整；营造和完善企业自主创新的政策环境，加快行业技术创新和技术改造；积极倡导制革行业循环经济发展模式，鼓励集中制革、集中治污；加强污染治理监管，加大对落后产能的淘汰力度；加强发展信息引导，发挥行业协会作用；发展制革品牌企业，推动行业转型升级。

《关于进一步加强淘汰落后产能工作的通知》（国发〔2010〕7号）的主要内容为淘汰年加工3万标张以下的制革生产线。

《制革行业规范条件》（2014年第31号）从企业布局、生产规模、工艺技术与装备、环境保护、职业安全卫生、监督管理6个方面来规范我国境内（台湾、香港、澳门地区除外）的所有新建或改扩建和现有的制革企业，该规范条件的发布，对规范行业投资行为、避免低水平重复建设、促进产业合理布局、提高资源利用率、保护生态环境具有重要意义。

《轻工业发展规划（2016—2020年）》中指出皮革行业的主要发展方向是“推动皮革工业向绿色、高品质、时尚化、个性化、服务化方向发展。推动少铬无铬鞣制技术、无氨少氨脱灰软化技术、废革屑污泥等固废资源化利用技术的研发与产业化。支持三维（3D）打印等新技术在产品研发设计中的应用。加快行业新型鞣剂、染整材料、高性能水性胶粘剂、横编织及无缝针车鞋面等皮革行业新材料发展。重点发展中高端鞋类和箱包等产品，以真皮标志和生态皮革为平台，培育国内外知名品牌。建立柔性供应链系统，发展基于脚型大数据的批量定制、个性化定制等智能制造模式，推进线上线下全渠道协调发展。”

《皮革行业发展规划（2016—2020 年）》中提出 2016—2020 年即“十三五”时期皮革行业十大发展目标。这十大发展目标是：①生产与效益平稳增长。稳步提高皮革行业主要产品产销量，稳定出口，扩大内需，不断提高产品附加值，提高行业整体效益水平，保持行业销售收入年均增长 7%。②研发设计创新能力不断提高。规模以上企业研究与试验发展（R&D）经费投入强度年均增长 10% 以上，大幅增加专利数量，建立以企业为主体、市场为导向、政产学研用相结合的创新体系。③产业结构更趋合理。积极推进生产制造业与生产性服务业协调发展，推进大企业与中小微企业协调发展，推动主体行业与配套行业协调发展，进一步增强产业链整体竞争力。④出口结构进一步优化。保持行业出口总额稳步增长，进一步提升高附加值产品和自有品牌产品出口比重；巩固欧美日传统出口市场优势，优化出口目的地结构，新兴市场所占份额从 49% 提高到 55%。⑤质量品牌效益显著提高。加强标准体系建设，鞋的国际标准采标率从 90% 提高到 95%；皮革、毛皮及其制品的国际标准采标率从 42% 提高到 52%；以真皮标志、生态皮革为载体，培育一批行业知名品牌，创出 3 ~ 5 个国际有影响力的品牌。⑥智能制造水平大幅提升。提高国产装备的自动化和智能化水平，提升行业全流程两化融合水平，提高数字化研发比例，推动生产制造梯次向自动化、半智能化、智能化方向转变。⑦绿色制造水平大幅提升。进一步提高清洁生产水平，提高废水循环利用率，降低生产过程中的能耗、物耗及污染物排放量，基本实现生产废弃物的资源再利用。单位原料皮废水、化学需氧量、氨氮、总氮排放量分别削减 9%、15%、25%、30%。⑧产业集群建设稳步推进。产业集群销售收入占行业规模以上企业销售收入的比重达到 50% 以上，坚持差异化、区域协调发展，推出一批在转型升级方面起引领作用的产业集群，同时积极培育新兴产业集群，优化产业空间布局。⑨全渠道营销能力不断优化。鼓励线上线下相结合的营销体系发展，利用各类电子商务平台，积极发展跨境电子商务，培育一批以大型专业市场为代表的现代流通企业，品牌企业线上销售占比达 10% 以上。

⑩行业人才梯队基本形成。积极开展不同层级的行业技能培训和竞赛，完善适应当前及今后行业发展需要的人才梯队培育机制，全面提升行业人力资本素质。

《产业结构调整指导目录（2019 年本）》中涉及皮革行业的主要内容包括鼓励类“十九、轻工 16. 制革及毛皮加工清洁生产、皮革后整饰新技术开发及关键设备制造、含铬皮革固体废弃物综合利用；皮革及毛皮加工废液的循环利用，三价铬污泥综合利用；无灰膨胀（助）剂、无氨脱灰（助）剂、无盐浸酸（助）剂、高吸收铬鞣（助）剂、天然植物鞣剂、水性涂饰（助）剂等高档皮革用功能性化工产品开发、生产与应用”。淘汰类“（十二）轻工 5. 年加工生皮能力 5 万标张牛皮、年加工蓝湿皮能力 3 万标张牛皮以下的制革生产线”。

如今，随着全球经济一体化进程的加快及世界制革工业中心进一步向我国转移，制革工业作为我国具有国际竞争力的轻工业支柱行业、科技含量高的循环经济产业，在国民经济中占有举足轻重的地位。我国已成为全球制革大国，也已成为世界皮革贸易最活跃、最有发展潜力的市场之一。

1.3.1.2 国内皮革行业相关环境法规及标准

政府出台的与皮革行业相关的环保政策法律法规有《中华人民共和国环境保护法》《中华人民共和国水污染防治法》《中华人民共和国清洁化生产促进法》等；相关技术规范及标准有《制革及毛皮加工废水治理工程技术规范》（HJ 2003—2010）、《制革及毛皮加工工业水污染物排放标准》（GB 30486—2013）、《排污许可证申请与核发技术规范 制革及毛皮加工工业—制革工业》（HJ 859.1—2017）、《排污单位自行监测技术指南 制革及毛皮加工工业》（HJ 946—2018）等（表 1－2）。

表 1－2 皮革行业相关法律法规及标准汇总

序号	发布时间	实施时间	发布部门	名称
1	2012－02－29	2012－07－01	全国人民代表大会常务委员会	《中华人民共和国清洁生产促进法》（2012 年修正）
2	2014－04－24	2015－01－01	全国人民代表大会常务委员会	《中华人民共和国环境保护法》（2014 年修正）

续表

序号	发布时间	实施时间	发布部门	名称
3	2017-06-27	2018-01-01	全国人民代表大会常务委员会	《中华人民共和国水污染防治法》（2017 年修正）
4	2010-12-17	2011-03-01	国家环保部	《制革及毛皮加工废水治理工程技术规范》（HJ 2003—2010）
5	2013-12-27	2014-03-01	环境保护部 国家质量监督检验检疫总局	《制革及毛皮加工工业水污染物排放标准》（GB 30486—2013）
6	2017-09-29	2017-09-29	环境保护部	《排污许可证申请与核发技术规范制革及毛皮加工工业—制革工业》（HJ 859.1—2017）
7	2017-07-24	2017-09-01	国家发展和改革委员会 环境保护部 工业和信息化部	《制革行业清洁生产评价指标体系》（2017 年第 7 号）
8	2018-07-31	2018-10-01	生态环境部	《排污单位自行监测技术指南制革及毛皮加工工业》（HJ 946—2018）
9	2019-12-10	2019-12-10	生态环境部	《排污许可证申请与核发技术规范制革及毛皮加工工业—毛皮加工业》（HJ1065—2019）

《中华人民共和国清洁化生产促进法》（2012 年修正）于 2012 年 7 月 1 日起正式实施。该法是为了促进清洁生产，提高资源利用效率，减少和避免污染物的产生，保护和改善环境，保障人体健康，促进经济与社会可持续发展。

《中华人民共和国环保法》（2014 年修正）于 2015 年 1 月 1 日起正式实施。该法通过赋予环保部门直接查封、扣押排污设备的权力，提升环保执法效果，通过设定“按日计罚”机制，倒逼着违法企业及时停止污染，并且在赋予执法权力的同时建立了相应的责任追究机制。

《中华人民共和国水污染防治法》（2017 年修正）于 2018 年 1 月 1 日起施行。该法是为了保护和改善环境，防治水污染，保护水生态，保障饮用水安全，维护公众健康，推进生态文明建设，促进经济社会可持续发展而制定的法律。

《制革及毛皮加工废水治理工程技术规范》（HJ 2003—2010）规定了制革

及毛皮加工废水治理工程的总体要求、工艺设计、检测控制、施工验收、运行维护等的技术要求。本标准适用于以生皮为原料，采用铬鞣工艺的制革及毛皮加工废水治理工程，可作为环境影响评价、可行性研究、设计、施工、安装、调试、验收、运行和监督管理的技术依据，采用其他原料和鞣制工艺的制革及毛皮加工企业和集中加工区的废水治理工程可参照执行。

《制革及毛皮加工工业水污染物排放标准》（GB 30486—2013）对制革企业分为现有企业和新建企业，分别对直接排放与间接排放中的污染物排放限值、监测和监控要求进行了规定，其中包括 pH 值、色度、悬浮物、化学需氧量、五日生化需氧量、动植物油、硫化物、氨氮、总氮、总磷、氯离子、总铬等指标，并针对重点区域规定了水污染物特别排放限值。当前，该标准已成为我国针对制革行业最为严格的强制性规范性文件加以执行。制革及毛皮加工企业排放大气污染物（含恶臭污染物）、环境噪声适用相应的国家污染物排放标准，固体废物的鉴别、处理和处置适用国家固体废物污染控制标准。

《排污许可证申请与核发技术规范　制革及毛皮加工工业—制革工业》（HJ 859. 1—2017）规定了制革工业排污许可证申请与核发的基本情况填报要求、许可排放限值确定、实际排放量核算和合规判定的方法，以及自行监测、环境管理台账与排污许可证执行报告等环境管理要求，提出了制革工业污染防治可行性技术要求。

《排污单位自行监测技术指南　制革及毛皮加工工业》（HJ 946—2018）中提出了制革及毛皮加工工业排污单位自行监测的一般要求、监测方案制定、信息记录和报告的基本内容和要求。

《制革行业清洁生产评价指标体系》（2017 年第 7 号）规定了制革企业清洁生产的一般要求。本指标体系将清洁生产指标分为 6 类，即生产工艺及设备要求、资源和能源消耗指标、资源综合利用指标、污染物产生指标、产品特征指标和清洁生产管理指标。本指标体系适用于制革企业的清洁生产审核、清洁生产潜力与机会的判断，以及清洁生产绩效评定和清洁生产绩效公告制度，也适用于环境影响评价、排污许可证管理、环保领跑者等环境管理制度。本评价指标体系适用于牛皮、羊皮、猪皮制革企业。其他类型制革企业参照本指标体系执行。发展改革委发布的《制革行业清洁生产评价指标体系（试行)》（国家发展改革委 2007 年第 41 号公告），环境保护部发布的《清洁生产标准 制革工业（猪轻革)》（HJ 448—2008)、《清洁生产标准制革工业（羊革）》（HJ 560—2010）同时停止施行。

《排污许可证申请与核发技术规范制革及毛皮加工工业—毛皮加工工业》（HJ1065—2019）中规定了毛皮加工工业排污单位排污许可证申请与核发的基本情况填报要求、许可排放限值确定、实际排放量核算、合规判定的方法，以及自行监测、环境管理台账及排污许可证执行报告等环境管理要求，提出了毛皮加工工业排污单位污染防治的可行技术要求。

1.3.1.3 国外相关标准研究

环境技术政策是美国环境技术管理的核心，对成熟的、经济可行的、经过示范验证的环境技术以环境技术政策的形式发布，指导污染治理企业的技术应用。美国国家环保局（EPA）自1970年成立以来，1977年和1983年先后公布了以“最佳实用技术”（BPT）和“最佳污染控制技术”（BCT）为基础制定的皮革行业常规污染物排放限值，根据不同皮革将污染物排放限值分类，又按最终产品的不同做了更具体的划分。

欧盟BAT体系覆盖范围广，目前欧盟已制定了30多个行业最佳可行技术参考文件，欧盟BAT参考文件包含能源、金属加工制造、矿石、化工、废物管理、纺织、造纸和食品工业等部门，其中包括皮革行业BAT参考文件。

欧盟分别在2003年和2009年发布了皮革行业的综合污染预防及控制（IPPC）文件，其中详细描述了各类工业生产的工艺、存在的环境问题、问题产生的环节、原因及控制措施，除一般的技术控制措施外，特别给出了在目前条件下不同工艺、不同控制技术下的最佳可行技术，并且给出通过应用这种技术可能达到的污染物排放量和资源消耗量水平。对比2003年和2009年IPPC文件，加工1t原料皮所产生的污染物总量发现，COD_{Cr}、BOD_5、铬、氨氮和挥发性有机物（VOC）均有大幅下降。《欧盟最佳可行技术指南》中也提出宜采用分类处理的要求，即将含硫废水和含铬废水单独预处理后，再与其他废水混合后集中处理。在欧洲国家，制革厂通常将污水排至大的污水处理厂，这些污水处理厂由市政部门经营或者由几家制革厂联合经营，很少有制革厂将生产污水直接排放至地表水的水系中，大多数制革厂先将生产污水进行预处理和生化处理后再排入下水道中。制革过程产生的特征污染物Cr^{3+}和S^{2-}对活性污泥有毒性作用，会影响后续综合废水处理效果，从而增加处理难度。为此，在欧洲，大多数制革及毛皮加工厂使用的三价铬被循环利用，剩余部分进入铬鞣废水单独处理，经过碱化沉淀形成氢氧化铬，作为废水废料残渣通过掩埋方式处理。

对于皮革等行业中有害物质的限用，欧盟也发布了一系列法规，如76/769/EEC指令和REACH法规。76/769/EEC指令是欧共体（欧盟前身）于1976年颁布的关于统一各成员国有关限制销售和使用某些有害物质和制品的法律法规、管理条例的理事会指令，该指令是一条重要的有关限制使用有害物质的指令。该指令是所涉范围最广的物质限用政策，每年都会进行修订，同时衍生出许多修正案及其他限于特定工业或特定用途的物质限用指令。REACH法规是指研究化学物质及其安全使用的新共同体条例（EC 1907/2006）。它涉及化学物质的登记、评价、授权与限制等内容。该法律于2007年6月1日生效。它要求化学品制造商与进口商收集能达到安全使用目的的物质相关性质的资料，并在由赫尔辛基地区欧洲化学品管理局（ECHA）管理的中央数据库中登记。2009年IPPC文件新增《关于化学品注册、评估、许可和限制的法规》（REACH法规）。该法规要求化学品制造商和出口商整合他们所持有化学品的信息，并将这些关于化学品及其安全使用的信息提供给皮革行业从业者。由于REACH法规对化学品不仅有应用性能方面的严格要求，也包含毒性、诱变、致癌、遗传、神经、过敏和免疫等方面的严格要求，这就要求制革化学品的生产经营者必须树立起绿色生产、绿色营销的思想，使制革化学品及其中间体的生产更精细化，生产的化学品更绿色化。REACH法规的实施会促使制革企业进行技术改革和产业调整，从而加快制革清洁化的步伐[20-21]。

1.3.2 皮革行业水污染控制的难点及关键点

皮革行业水污染控制的重点在于污染源的控制，推行清洁生产技术，减少污染源，减少排污总量；在污染源有效控制的基础上，引进先进的制革污水治理技术。

1.3.2.1 皮革行业水污染控制的难点

（1）高吸收铬鞣技术[22]

在传统铬鞣工艺中，铬的吸收率只有65%~75%，即有25%~35%的铬残留在废鞣液中不能被生皮吸收和固定，废液中铬的浓度达到3～8 $g \cdot L^{-1}$（以 Cr_2O_3 计），从而造成严重的环境污染和资源浪费。随着经济的发展及环保的监管力度加大，必须要提高生产过程中铬的吸收率，减少铬的流失，以降低对环境的污染，同时在不增加设备投资和鞣制工序复杂性的情况下保证皮革质量，在鞣制过程中大幅提高铬的吸收率，将废液中的铬浓度降低至能直接排放的水平，则有望缓解甚至解决铬污染问题。因此，采用高吸收铬鞣技术，消除生产过程中的铬污染，是实现清洁生产的一条比较理想的途径。这方面的研究难点主要集中在开发新型铬鞣助剂、改进鞣制工艺等方面。

（2）废液循环使用技术

废液循环使用技术在制革行业已不是一个新鲜话题，近20年来，在行业从业人员的探索中诞生了一批废液循环利用技术，各个工序都有相应的废液循环利用技术，该技术有助于减少水的使用量，并降低治污成本，从环境效益和经济效益上实现双赢。但该技术的研发过程也存在一些问题，如循环次数的问题，若废液的浓度把握不当会严重影响产品的质量；废液循环工艺操作不稳定，不易控制，投入的生产成本也较高。解决废液循环次数和成革质量的关系是目前的难点。

（3）无铬鞣及其配套材料

以铬鞣法为基础的制革工艺体系会产生高铬含量的铬鞣废液，体积量大、有机物成分复杂的含铬染整废水，以及大量的含铬废革屑、含铬制革污泥及废弃含铬皮革制品。针对这些含铬废水和含铬固废，虽然我国皮革科研机构正努力研究铬减排技术，制革企业正积极采用各种铬污染防治措施，但是要完全达到法律及标准对铬排放的要求，仍然较为困难。因此，先铬鞣再末端治理的方式已经使制革企业的生存和发展压力越来越大。鉴于此，作为皮革产业链的基础，制革企业已经开始自主地寻求能从源头消除铬污染的无铬鞣技术，以及其与无铬鞣技术相适应的配套材料。可以说，多数制革企业是以积极正面的态度来看待全面推行无铬化战略这个问题的。不过，局限于国内外无铬鞣技术的发展现状（现有无铬鞣革的综合性能不及铬鞣革，无铬鞣材料价格较高），采用无铬鞣进行工业生产的制革企业还很少。制革企业也存在一些忧虑，如担心自己率先采用环保的无铬鞣技术后，由于生产成本提高、产品性能略有下降等原因，而无法与主要依靠低成本要素获得竞争优势的许多国内同行竞争，从而失去原有的一些市场。

1.3.2.2 皮革行业水污染控制的关键点

（1）引进新工艺，改进含铬废水处理工艺，降低成本

制革及毛皮加工过程产生的含铬废水分为高浓度含铬废水和低浓度含铬废水，高铬浓度废水与低铬浓度废水的成分、性质，特别是铬含量差异较大，因此，在处理过程中应采取不同的处理方法。高铬废液中铬含量高、杂质少，一般采用碱沉淀法进行处理，同时可实现铬的重复利用，实现高铬废液中的铬的资源化利用；由于铬的浓度低、成分复杂，低铬废液处理难度大且成本高，处理后产出的铬量少，故低浓度含铬废液一般不具有资源化利用价值，但如果直接排放又会超出国家的排放标准，对于这类废水，目前没有有效的处理方法，因此这部分是含铬废水脱铬的难点。

（2）含硫废水处理，采用催化氧化处理工艺

制革废水中的含硫废水主要来源于制革过程的脱毛浸灰工序，硫化物的危害已在1.2.2.1节中进行了叙述，制革废水中硫离子的去除常采用的方法有酸化吸收法、化学絮凝法和化学氧化法，但这些方法均存在一定缺点。目前，催化氧化法是含硫废水处理普遍采用的脱硫方式，其工艺较为成熟，处理效果好，但现有的催化脱硫技术也存在控制困难、效率较低、单质硫转化率差等问题，这是该技术的难点。制革过程尽量使用清洁生产技术，在废液循环利用的基础上，简化脱硫工艺的技术操作是关键。

（3）综合废水处理采用新技术提高处理效果，降低运行成本

综合废水的处理通常采用一级物化处理和二级生化处理相结合的工艺，一级物化处理采用沉降、气浮、过滤及絮凝沉淀等技术去除水中较大颗粒物质，二级生化处理利用微生物的代谢作用降解有机污染物，采用组合工艺的出水水质稳定、运行费用较低，是目前常用的制革综合废水处理工艺。目前采用较多的生化处理方法有氧化沟法、序批式活性污泥法（SBR法）、上流式厌氧污泥床反应器法（UASB法）、人工湿地法、厌氧好氧工艺法（A/O法）等。这些常用的生化方法具有操作简单、抗冲击负荷强等特点，但是也存在占地面积大、污泥量大、工艺流程长、效率低等特点。可以考虑生物强化技术替代现有的传统生物处理方法。生物强化技术是通过在传统的污水生物处理系统中添加具有特定功能的微生物，以提高污水处理系统处理效率或者快速启动污水处理系统的方法。该技术目前的难点在于无法找到合适的微生物

菌种适应实际的污水水质或者污水处理系统运行条件。

（4）逐步推行无铬鞣技术和逆转铬鞣技术

无铬化是皮革行业未来发展所必需的战略选择，应重点研究开发适用于生态皮革/裘皮产品的基于多金属配合物、含醛基有机鞣剂、有机鞣剂/非铬金属配合鞣剂；研究新型鞣剂的分子组成、结构及其稳定性、反应活性之间的关系，以及鞣剂分子结构与鞣革性能、成革风格之间的构效关系；研究新型鞣剂与皮胶原之间的多层次反应机制，阐明不同化学微环境体系下新型鞣剂的传质与鞣制效应之间的微观关系，进而建立新型无铬鞣剂体系下的鞣制机制。优化出新型无铬鞣剂的鞣制工艺配套技术，形成适用于无铬生态皮革/裘皮产品制造的无铬鞣剂的全生态制备/合成技术及基于鞣剂构效关系的无铬生态皮革/裘皮鞣制工艺配套技术。

逆转工艺是四川大学石碧院士课题组率先提出并开发的一项先进技术。在传统铬鞣工艺中，铬在复鞣、中和、染色加脂工序中，由于与皮胶原结合不牢固而逐渐溶出进入废水中，逆转工艺是先进行复鞣、染色加脂后再进行铬鞣，从而大大降低了铬的用量和排放量。该技术是传统铬鞣技术的一次重大变革，在无铬鞣技术未全面普及的情况下是一项较为清洁的铬鞣技术。

1.4 皮革行业水污染控制技术需求

1.4.1 皮革行业废水污染全过程控制技术思路

根据皮革行业水污染的特征，节水减排是皮革行业水污染全过程控制技术的核心。要达到节水减排目标，主要采用源头控制技术、节水技术、末端治理技术，重点是源头控制技术；同时，要确定节水减排的关键技术研究及重点发展方向。

（1）皮革行业节水减排目标

根据《制革行业节水减排技术路线图（2018 修订版）》设定的内容，制革行业要在 2020 年和 2025 年达成如下节水减排目标[13]：

“十三五”期间，通过全行业共同努力，以全流程制革加工（从生皮到成品革）作为核算基础，在 2014 年制革行业产排污量的基础上，2020 年实现以下节水减排目标：①单位原料皮废水排放量由50～60 m^3/t 原料皮降低到45～55 m^3/t 原料皮，削减率达到9.7%；年废水排放量由1.15亿 m^3 降低到1.04亿 m^3；②单位原料皮 COD_{Cr} 排放量由6.5～7.8 kg/t 原料皮降低到4.5～5.5 kg/t 原料皮，削减率达到30.5%；年 COD_{Cr} 排放量由1.49万t降低到1.04万t；③单位原料皮氨氮排放量由1.5～1.8 kg/t 原料皮降低到0.9～1.1 kg/t 原料皮，削减率达到39.8%；年氨氮排放量由3450 t下降到2077 t；④单位原料皮总氮排放量由3.5～4.2 kg/t 原料皮降低到2.2～2.8 kg/t 原料皮，削减率达到35.5%；年总氮排放量由8050 t下降到5192 t；⑤单位原料皮总铬排放量由0.018～0.022 kg/t 原料皮降至0.014～0.017 kg/t 原料皮，削减率达到27.7%；年总铬排放量由43.1 t下降到31.2 t；⑥单位原料皮含铬皮类固废产生量由80～125 kg/t 原料皮降至72～113 kg/t 原料皮，削减率达到9.7%；年含铬皮类固废产生量由39.6万t下降到35.8万t。

2025年，制革行业要在“十三五”末（2020年）的基础上，进一步实现以下节水减排目标：①单位原料皮废水排放量降低到40～50 m^3/t 原料皮，比2014年减少19.3%；年废水排放量减少至0.93亿 m^3；②单位原料皮 COD_{Cr} 排放量降低到4.0～5.0 kg/t 原料皮，比2014年减少37.9%；年 COD_{Cr} 排放量减少至0.93万t；③单位原料皮氨氮排放量降低到0.6～0.7 kg/t 原料皮，比2014年减少59.6%；年氨氮排放量减少至1394 t；④单位原料皮总氮排放量降低到1.6～2.0 kg/t 原料皮，比2014年削减53.9%；年总氮排放量减少至3711 t；⑤单位原料皮总铬排放量降至0.010～0.013 kg/t 原料皮，比2014年下降48.3%；年总铬排放量下降到22.3 t；⑥单位原料皮含铬皮类固废产生量降至64～105 kg/t 原料皮，比2014年削减16.5%；年含铬皮类固废产生量下降到33.1万t。

（2）皮革行业污染控制的支撑技术

行业的支撑技术主要有源头控制技术（包括有害化学品替代技术、COD减排技术、氨氮减排技术、铬减排技术、节盐技术），节水技术（包括工艺过程节水技术、工艺过程废水循环利用技术、节水设备、中水回用技术），末端治理技术（包括废水处理技术、废气减排技术、固体废弃物资源化利用技术）。

（3）皮革行业污染控制技术研发及重点发展方向

皮革行业污染控制技术研发的方向主要包括以下方面：①节约水资源技

术：节水工艺、节水装备、废液循环利用技术；②铬和氨氮污染的源头控制及末端治理技术：铬减排工艺、无铬鞣剂、无氨脱灰软化剂；③废水高效生物强化技术；④固废处理及利用技术：包括皮革固废资源化利用技术、制革污泥处理技术。

1.4.2 皮革行业废水污染全过程控制技术发展需求

（1）加强清洁生产技术攻关及相关配套技术的推广和宣传

以企业为主体，充分发挥高校和科研院所的优势，加强产学研合作，开发应用先进的清洁生产技术，加快科技成果转化。加强各项单元清洁生产技术的集成链接验证、调试和完善，使清洁生产技术真正转化为有经济和环境效益的技术。

（2）提升制革专用机械设备和环保设备水平

目前制革专用机械设备、环保设备的开发和使用落后于工艺技术的发展水平，直接制约了制革新技术的推广使用。

一是企业应加强生产机械设备和环保设备的资金投入；二是行业应通过各种措施，大力推广现有的节水技术和设备。可以依据发展改革委公布的制革行业准入条件，对制革行业的设备和使用的技术进行指导性限制。

（3）大力开发无/低污染皮革化工材料

制革及毛皮加工过程同时是皮革化工材料使用的过程。皮革化料仅部分附着在成品上，其余的皮革化料进入了废水中，导致废水中存在铬污染、硫化物污染、中性盐污染等问题。因此，皮革化工企业应加大研发投入，在研发设计产品之初注重功能化与环境友好相结合，在最大限度地发挥材料的功能特性的同时减少环境污染。

（4）加强末端废水处理技术的研究，提高废水的可生化性，降低处理成本，减少污染物的外排

综合废水处理应采用更高效、更简捷的技术替代现有的多流程、多步骤技术方案。开展废水处理和排放管理方法的研究，制革及毛皮加工因涉及原料皮及成品不同，其产生的废水存在明显差异，成分复杂，因此，较为科学的处理方式是废水分流分质处理与综合处理相结合，以废水的循环利用为目标。如果将产污量较突出的单工序废水单独处理，其废水处理设计具有针对

性，在降低处理难度的同时也会提高处理效果。经过处理的单工序废水可回用或与其他废水混合后进行综合处理，这样可以大幅降低综合废水处理的难度。目前大约不到30%的制革企业采用主要单工序废水分流处理技术，主要包括脱毛浸灰废液、脱脂废液、铬鞣废液单独处理技术，单工序废水经处理后循环使用或再排入综合废水，在回收资源、减少排放的同时降低了综合废水的处理难度[23]。

2 皮革行业水污染控制技术发展历程与现状

2.1 皮革行业废水污染控制技术总体进展情况

2.1.1 制革行业

从20世纪90年代开始，中国制革业开始意识到制革污染问题的严重性，开始探索降低和减少制革污染，对制革工业的清洁化生产也进行了相关研究。

2008年，国家在四川大学设立了制革清洁技术国家工程实验室，成立了以中国工程院院士石碧为带头人的制革清洁工艺研发科技攻关团队。四川大学但卫华等在取得“高档猪革产品综合开发工艺技术研究”成果的基础上，又于2000年取得了“猪服装革清洁生产技术”的新成果。同时开发出变形少浴灰碱脱毛法—浸灰复灰废液循环利用联用技术、酶—碱结合脱毛法、无氨脱灰—同浴软化等新技术；通过科学的优选和优化组合，开发出一系列猪服装革生产新技术。根据四川大学皮革系“九五”攻关的研究成果，鞣制结束后废水排放量大幅减少，降低了污染，铬鞣废液循环利用具有良好的经济效益和环境效益。

以四川大学石碧教授为第一完成人承担的项目“无铬少铬鞣法生产高档山羊服装革”于2000年获国家科学技术进步奖二等奖。该项目通过系统深入的研究，建立了以植物单宁—改性戊二醛和0.5% Cr_2O_3—改性戊二醛结合鞣法为基础的无铬和少铬鞣制技术。这两种鞣法不仅可代替传统工艺生产湿热稳定性高（Ts≥95 ℃）、柔软度好的服装革，而且在工艺过程中减少了传统制革生产中的铬污染。该项目成果的技术原理被多个企业采用，在提高企业生产水平和产品质量、减少环境污染和促进企业技术改造方面发挥了积极作用，同时对促进皮革生产的清洁化和可持续发展具有重要的理论指导意义。

2005年，中国皮革和制鞋工业研究院承担了国家发展和改革委员会项目

“皮革行业清洁生产评价指标体系”，通过该项目研究建立了“制革工业清洁生产评价指标体系”，对清洁生产活动进行有效规范并评价其效果，可以从生产的源头开始，对生产全过程进行资源利用和污染物的控制，走清洁生产的道路，以形成循环经济的模式，有利于环境保护和经济的可持续性发展。

2005 年，中国皮革和制鞋工业研究院为晋江兴业皮革有限公司承担的福建省科技重大专项课题“制革行业清洁生产和循环经济技术的研发”提供技术支持，所开发的技术能完全消除脱毛工序中硫化物的污染，减少脱毛工序中 85% 以上的有机物污染；提高铬盐的利用率达 95% 以上，铬鞣废液中的铬含量低于 0.2 g/L，总体用水量与传统技术相比减少 30% ~40%。2009 年中国皮革和制鞋工业研究院、河北东明实业集团有限公司、天津科技大学联合承担了国家重大产业技术开发专项“制革保毛脱毛及浸灰、铬鞣液循环利用技术”，开发的制革保毛脱毛技术使浸灰废液中 COD 含量降低了 42.2%，硫化钠含量降低了 32.1%，悬浮物含量降低了 51.2%；开发的浸灰废液循环利用技术中硫化钠回收率达到了 99.5%，浸灰废液中 COD 的去除率达到了 90.4%，氨氮的脱除率达到了 80.5%；开发的铬鞣废液循环利用技术可以使铬鞣剂的回收率达到 99% 以上，回收铬鞣剂后的上清液中铬含量达到 1 mg/L 以下。项目成果在徐州南海皮厂有限公司、浙江大众皮业有限公司、滨州鲁牛皮业有限公司和越南德信皮革有限公司等国内外 30 多家企业中得到推广应用。2009 年，科技部批准中国皮革和制鞋工业研究院组建国家皮革及制品工程技术研究中心，建立了相关实验室和中试基地，为制革清洁生产等工程化技术开发提供了有力的支撑平台。

进入 21 世纪以来，中国皮革协会和皮革企业、皮革同仁强化环保和行业自律意识，齐力狠抓皮革环保、皮革“三废”治理和节能减排，促使皮革科技发展又进入了一个新的发展阶段。近年来，在制革清洁化技术革新方面，研究人员就制革行业的清洁化问题开展了许多卓有成效的研究，有些已经在实际生产中得到了应用推广，对我国皮革科技的发展产生了深远影响。总体来看，国内近些年来所发展的制革清洁生产的单元技术已与国外水平相当，个别技术已经超过国外水平。比较有代表性的制革清洁生产的单元技术主要包括如下。

①基于酶制剂的制革生物技术。在这一单元技术的研究开发方面，国内已经做了大量的研究工作，主要表现在两个方面：一方面，运用现代生物技术，研究开发出专一性强、纯度高、催化效率高的系列专用酶制剂；另一方

面，革新工艺技术，优化工艺条件，全面应用系列专用酶制剂。

②废液循环利用技术。按照现有观点，制革废液的循环利用符合节约型、循环型经济的要求，也符合绿色化学的要求。四川大学张铭让等通过对工艺过程及材料等的优化，建立了一套稳定的适合于工业化生产的封闭式浸灰废液循环体系。

③无铬少铬鞣技术。无铬少铬鞣包括两个部分的工作：一是研究替代型鞣剂来减低铬鞣剂的用量；二是研究辅助型鞣剂，增加铬的吸收，使制革污水的铬含量降至最低。围绕减少三价铬的使用量和排放量，制革科技工作者做了大量研究工作，已经开发出了具有重要推广应用价值的系列清洁化单元技术，比较典型的有四川大学石碧教授等提出的少铬鞣法及逆转工艺、四川大学李国英等开发的高吸收铬鞣技术、四川大学单志华等提出的无盐浸酸技术、四川大学陈武勇等开发的不浸酸技术及铬回收利用技术等。同时，与生态铬鞣技术配套材料的研究已经取得了重要进展，已经开发出了一系列配套材料[24]。

2.1.2　毛皮行业

20 世纪 90 年代，世界毛皮加工重心向中国转移，毛皮加工技术不断创新，特别是随着一些高档原料皮（如水貂皮、蓝狐皮等）加工技术的提升，化工材料的自主化，我国已成为毛皮生产大国。

随着科技的发展，人们对环境污染问题越来越重视，对毛皮生产过程和成品中的有害物质严格限量，因此，现代毛皮加工中多采用清洁生产工艺，使用无污染、少污染原料，如低盐保存、循环使用盐，禁止使用无毒和可生物降解的防腐剂；采用节水工艺，如操作液循环利用、多次应用浸酸—鞣制和媒染浴液、重复使用脱脂及脱脂后洗液；采用生态环保鞣制技术，采用铝鞣、油鞣、其他无金属鞣、有机膦鞣等鞣剂鞣制毛皮，降低铬和甲醛污染。

对环境的重视，不仅表现在加工过程中对加工方法、化工材料等的污染性要求越来越严格，而且对于加工过程中“三废”的丢弃和排放要求也越来越严格。对于这些废弃物的处理也由原来的随意丢弃和排放，转变为再利用或者处理达标后再排放。废弃物处理方法如下：第一，毛的处理。对于羊剪绒、毛革两用产品的加工，加工过程中生皮洗涤、脱脂后会剪下或梳下毛，在干燥和整理过程中会进一步对毛被进行修剪，也会将修剪下的毛在经过除杂质后，再梳松、清除粉尘后压紧打包。这些打包后的毛可出售给人造毛皮厂，用于生产人造毛皮、制作非纺织品（无纺织物）和生产人造纤维。充分利用废弃的毛纤维，减少投资，扩大纺织品种。对于没有经过化学处理就剪下来的毛可以提取胱氨酸。胱氨酸在医药上有促进机体细胞氧化、还原机能和增加白细胞、阻止病原菌发育等作用。第二，油脂和肉渣的处理。对于油脂含量较大的制裘原料皮，将脱出的油脂作为高档化妆品的添加剂，变废为宝，对于去肉工序去除下来的肉渣，经适当的化学方法处理，获得优质动物性蛋白质饲料。它具有较高的营养价值，氨基酸含量较完全，能补充某些饲料中缺乏的必需氨基酸、矿物质和维生素，对于促进畜牧业的发展，将起到积极作用。第三，修边后皮块的处理。修边下来的皮块用于胸花或饰边等用途，也可用作多孔性材料的主要原料。为了保护环境和节约用水，毛皮加工过程中对操作液多次重复使用（如软化浸酸液、鞣制液、复鞣加脂液等分工序重复使用），既降低了水污染、盐污染问题，也节约了用水，国内一些毛皮企业已经在生产中运行，且已取得良好效果。

废液末端处理主要是通过曝气、生物转盘、混凝沉淀、生化法等方法降低 BOD 和 COD 含量，降低废水中盐含量，有部分厂家已将处理后废液用于加工生产中，降低污水排放，节约用水[24]。

2.2 典型废水污染控制技术发展过程

皮革行业一直被人们认为是“两高一资”行业。多年来，皮革行业致力于行业、企业的规模发展，而忽略了排污设施的建设与治理，忽略了皮革行业带来的污染问题。近年来，随着皮革行业的发展壮大，随着市场需求的提高与改变，各地政府和当地制革企业也都意识到环保是企业长久健康发展的前提，分别从源头控制和末端废水治理两个方面都采取了有效措施[24]。

2.2.1 源头控制技术

自 20 世纪 70 年代起，河北省的制革业污染治理逐渐加强，部分重点制革企业通过改进生产工艺，在“三废”治理与利用方面取得了一定成效。据报道，1973 年邢台制革厂实行酶法制革，变害为利，变废为肥，用处理过的污泥沉淀肥料施田，每亩平均增产粮食100斤，用污水灌溉的农田亩产达1400斤，同时积极开展铬液的酸碱回收工作，并作为先进经验予以推广。

近年来，制革企业环保意识不断加强，对污染治理投入也不断加大。辛集制革工业区采用企业初级治理、园区专业治理、城市污水处理厂综合治理的三级治理体系模式，得到了中国皮革协会的充分肯定，并在全国皮革行业内推广。河北东明实业集团有限公司于2005年7月开始重点研究采用超载转鼓灰碱保毛脱毛法和浸灰废液循环利用，以及采用优化传统铬鞣技术和铬鞣废液循环利用技术，自行设计并建成浸灰废液和铬鞣废液循环利用装置。该项目建成后每年节水约10万m^3，节电约15万度，节省排污费和化工材料费约350万元，环境效益、经济效益、社会效益明显，研究成果达到国内领先水平，具有很好的示范作用。

福建晋江是我国大型制革集中区之一，晋江制革企业在制革废水的源头削减及末端处理方面采用了很多先进技术，如浸灰废液循环技术、铬废液处理技术、污泥减量化技术、膜处理技术等，在我国制革行业废水处理及制革废弃物资源化利用方面起着重要的示范作用。

21世纪初，四川省的环境保护工作已经成为制革行业的头等大事。全省制革行业加强环境保护工作，主要开展了制革清洁化生产工艺技术研究与推广，制革生产所需的清洁化化工材料的研制开发和制革“三废”治理等措施。四川大学国家重点实验室承担了国家863计划课题“制革工业清洁生产关键技术集成与示范”“制革固废生产环保型轻工助剂技术”，国家支撑计划课题“清洁制革过程与绿色产业链接技术的应用开发”等项目，研究开发了无硫化物和石灰的脱毛浸碱技术、高热稳定性皮革无铬鞣制技术、无硫脱毛和无铬鞣配套的工艺平衡技术、废皮渣生产制革用复鞣剂等制革清洁生产平台技术。研究成果已在多家企业完成了生产性试验，形成了清洁制革生产线，验证了开发的清洁生产技术的广泛适用性。实践证明，采用新开发的清洁生技术及其集成技术，生产过程的用水量将减少30%，废水中的COD、BOD、SS等主要污染物总量降低约40%，废弃皮胶原可以转化为有重要应用价值的环保材料。

2.2.2　末端控制技术

20世纪80年代初，河北省承德市制革厂投资40万元用于建设污水处理工程。90 年代后，根据制革废水生化性能好的特性，制革厂污水一般采取物化加生化的处理模式，即先中和调节，加药沉淀，再生化处理，最后沉淀出水，出水可达当时的国家排放标准。

河南省皮革行业充分认识到环保建设是企业可持续健康发展的关键，很早就注重环境保护，20 世纪 80 年代初，际华三五一五皮革皮鞋有限公司就建立了污水处理站，并成为全国的学习典范。该污水处理站采用活性污泥曝气方法治理制革污水，污水处理站处理后的污水可达到当时国家的制革污水排放标准。1988 年污水处理站又进行了升级改造，公司将污水处理站处理后的达标污水，收集到中水蓄水池内进行沉淀，再用水泵将沉淀后的中水输送到废水分离器中进行处理，然后用于冲洗厕所及浇花、浇草等。公司污水的排放量和污染物排放量大幅削减，处理后的污水 90% 作为中水回收利用，只排放不到 10% 的污水和污染物。

山东省制革行业在发展初期，由于环保意识普遍不强，管理不严，生产水平较低，给环境带来了较大污染。随着国家环保管理力度的加大，以及制革加工技术的不断提高，国内外先进的治污技术和工艺不断得以推广和应用，绿色环保已成为人们的共识，制革行业污水治理工艺和治理效果取得了显著成绩，骨干企业都建有完善的污水处理系统，符合国家、省的环保标准要求，做到了达标排放。根据制革废水生化性能好的特性，制革厂污水一般采取物化加生化的处理模式，即先中和调节，加药沉淀，再生化处理，最后沉淀出水。这套工艺在技术上是比较成熟的，虽然各厂略有差异，但是主要流程大同小异。烟台制革厂的中水回用工程经过反复论证、研讨和几次改造扩建后于 2003 年 8 月成功应用于制革废水处理中，并将居民小区生活废水转化为可回用的中水，该技术获得了国家专利，并投资近 200 万元，建立了中水回用装置，该装置的运行可替代地下水近 90%，一年可节水 100 万 m^3，给企业带来了可观的经济效益。

焦作隆丰皮草企业有限公司是世界上最大的羊裘皮鞣制企业，该企业建造了占地 2 万多 m^3，日处理能力达 10 000 t 的污水处理厂。该污水处理厂是河南十大环保形象工程之一，实现了废水的深度治理，达到了国家一级排放标准，并成为羊裘皮加工行业的绿色典范。焦作隆丰皮草企业有限公司开发的“皮毛加工废水深度处理及污泥资源化利用”项目针对淮河流域污染控制指标要求高的特点，应用厌氧—好氧—QF 高效浅层气浮 - 砂滤技术，对毛皮废水进行深度处理和中水回用。同时，对污泥采用厌氧消化实现减量化、无害化处理，然后用于生产沼气，为毛皮污泥的处理提供了新的有效技术。

此外，河南博奥皮业有限公司总投资2600万元人民币建成了日处理污水能力5000 t的污水处理厂。该污水处理厂采用“预曝气调节+斜管沉淀+UASB+AO”工艺，对高浓度的有机制革废水进行处理，出水水质稳定、处理运行成本低、操作维修简便，可以有效降低制革废水的氨氮超标排放问题。

2.3 皮革行业水污染控制技术现状分析

2.3.1 国外皮革行业污染防治现状分析

虽然以中国为代表的亚洲国家已成为世界皮革的主产区，但欧美发达国家的皮革产量仍占世界总产量的37%～38%，在亚洲国家中，日本和韩国等环保要求较高的国家仍有数十家规模较大的制革企业。欧美国家、日本和韩国的制革工业在污染防治方面普遍达到了自己国家的环保要求。这些国家采用过程控制和末端治理并重的方式治理污染。对废水的末端治理采用3种模式：一是企业单独治理（一般是规模很大的企业）；二是将制革企业集中在一个区域，由专业公司对废水进行集中处理（企业按排放量及污染物负荷交费），如韩国制革业即采用这类方式；三是将制革厂建在化工园区内，由专业公司对废水进行集中处理。一些制革企业较少的国家（如捷克）采用这类方式，后两种模式中国近年也逐渐采用。

发达国家皮革行业的污染治理技术水平总体上高于我国，主要体现在以下方面：①注意源头控制和末端治理并重，治理较彻底，而我国仍然以末端治理为主；②在废水处理上采用了更多的高新技术，处理效率更高；③我国目前主要保证COD和BOD达标，发达国家对污染成分的治理更加系统和全面，如包括氨氮、甲醛、重金属、表面活性剂等；④有专业的污染治理队伍，技术管理严格，注重清洁生产审计等过程管理，而我国在这方面较为薄弱。

2.3.1.1 源头减排技术

发达国家高度重视皮革生产过程中所采用的皮革化工材料的环境友好性，并将其作为从源头控制污染物排放的重要技术手段。一是注重采用可生物降解的化工材料，避免使用难生物降解的化工材料（如烷基磺酰氯、氯化石蜡等类型的加脂剂），从而可以通过废水处理厂的生化处理高效率地降低综合废水中的COD含量。二是避免使用含有对环境危害较大的化学成分的皮革化工材料，如含甲醛、游离苯酚、五氯酚、壬基酚表面活性剂、致癌偶氮化合物的皮革化工材料。三是无水鞣制技术，即采用超临界流体CO_2作为介质鞣革（德国），或者采用有机溶剂（大多为乙醇）为介质进行鞣制，理论上该类鞣制技术不产生水污染物，但该类技术尚处于中试阶段，未得到大规模工业应用。这类源头防治技术十分有效，我国在这方面的工作与发达国家相比还存在一定差距。

2.3.1.2 过程减排技术

①保毛脱毛技术。即通过控制碱、石灰和硫化物的用量及使用顺序，在脱毛时避免毛干被溶解，从而可以大幅降低制革生产的COD排放，也使废液中氨氮的含量降低。近年来，还广泛使用低硫—酶法保毛脱毛技术，在降低COD排放的同时，可以减少50%硫化碱用量。

②控制铬污染技术。发达国家的绝大多数制革企业都对铬鞣废液实施了分流和单独处理。一部分企业对铬鞣废液适当调整后循环利用，由于国外的铬鞣废液循环利用设备已经产业化，使用较方便，采用的企业比例较高。例如，日本的制革企业多数采用这一技术来减少铬排放，也有一部分企业对废液中的铬采取沉淀回收利用的方法。国外也有采用高吸收技术来减少铬排放。较常用的方法是在铬鞣剂制备过程中加入多羧基类铬配合物，从而来提高铬的吸收利用率，减少废水中的铬含量，如德国拜耳公司的Bay chromCH铬鞣剂、巴斯夫公司的ChromitanFMS铬鞣剂等，其优点是操作简便。

③减少氨氮排放技术。一是采用酶制剂或化学助剂与石灰协同完成浸灰过程，使石灰的用量从8%减少至4%～5%，从而可以减少脱灰时铵盐的用量；二是采用非铵盐脱灰剂（无机酸与低分子量有机酸配合）进行脱灰。20世纪90年代，一些欧洲国家的制革企业（如法国的Pechdo制革厂）开始使用CO_2脱灰法，以避免使用铵盐，可减少40%的氨氮排放。目前一些制革企业在加工厚度较薄的原料皮时使用CO_2脱灰技术。

2.3.1.3 末端治理技术

在传统物化—生物处理基础上，近年来发达国家还不同程度地采用了曝气生物滤池、膜技术、膜生物反应器、生物吸附等生物处理单元及其组合，同时不断开发和使用了高效微生物菌剂，提高了污染物的治理效率。还有一些国家采用吹脱、吸附等特殊技术来除去氨氮等难降解污染物。同时，发达国家一般都采用对铬鞣工序废水实施分流和单独处理的技术路线，有利于进一步提高综合废水的处理效率。但发达国家制革废水处理成本明显高于我国，如韩国、日本处理制革污水的固定投资需 1.5 万元/t，日常运行费达 14 ~ 20 元/t，我国的固定投资一般在 1 万元/t 以下，日常运行费用为 5 ~ 8 元/t。

2.3.2 我国皮革行业污染防治现状分析

目前，我国皮革生产企业采用的污染治理技术包括末端治理技术和在生产过程中削减污染的技术，其中以末端治理为主。从技术水平角度看，我国所采用的污染治理技术与国外先进水平尚有差距；同时，我国污染治理技术尚不够完善，对部分污染物（如中性盐）缺乏相应的治理技术。但与国外先进技术相比，我国采用的治理技术运行成本较低，比较符合我国国情[25]。

2.3.2.1 过程减排技术

①废液循环利用技术。针对制革过程污染最严重的脱毛和铬鞣工序废水，国内开发了废液分流、适当调节后循环利用的技术，循环使用次数可达 10 ~ 20 次。20 世纪 90 年代，我国有 20% ~30% 的制革企业采用过这类技术。工程应用实践表明，采用这些技术可以使硫化物、石灰和铬的排放量降低 70% ~80%，而且综合废水的处理更容易。但采用这些技术要求过程管理较严格，否则会对皮革产品的质量产生负面影响。目前我国完全或部分采用这类技术的制革企业不到 10%。

②酶脱毛及低硫化物脱毛技术。我国是最早在猪皮革生产中推广酶脱毛技术的国家。酶脱毛技术的最大优点是可以消除硫化物污染，不足之处是对技术、管理和经验要求较高，否则可能会出现质量事故，同时酶脱毛技术的成本比硫化物脱毛高。20 世纪 70—90 年代我国有 50% 以上的猪皮制革企业不同程度应用了酶脱毛技术，但在牛皮革生产中，由于酶的渗透慢、小毛难脱除等问题，很少应用酶脱毛技术。为了降低成本、方便操作、减少质量事故，目前我国更多的制革企业是采用酶助少硫脱毛技术，可以使硫化钠的用量减少 30% ~50%。

③无盐浸酸技术。传统皮革生产过程的浸酸工艺需要采用8%左右的氯化钠，是产生中性盐污染的主要原因之一。目前我国20%～30%的皮革生产企业采用了无盐浸酸技术，即用能够抑制裸皮膨胀的有机酸代替硫酸—氯化钠完成浸酸操作，从而减少中性盐污染。

④降低铬排放的技术。除了铬鞣液循环利用技术以外，我国制革企业还采用高吸收技术来提高铬的利用率，从而减少废水中的铬含量。20世纪90年代我国开发了PCPA等含多官能基的聚合物铬鞣助剂，在此基础上我国又开发了醛酸鞣剂等多种高吸收铬鞣助剂。采用这些助剂，可以使铬的利用率从传统工艺的65%～75%提高到90%以上，显著减少了铬排放。

⑤染整工序高吸收技术。近10年来，我国开发了多种能够提高染料、加脂剂、复鞣剂等皮革化工材料吸收利用率的化学助剂，并得到了广泛应用，使染整工序使用的有机材料的吸收利用率一般能达到90%左右，从而降低废水的色度、COD和BOD。

2.3.2.2 末端治理技术

目前，我国制革行业主要采用末端处理的方法防治制革污染，即对综合废水进行物化生物处理。生物处理主要包括曝气池、氧化沟处理等。由于制革废水中中性盐含量较高，且含铬和S^{2-}，活性污泥的微生物活性会受到一定程度抑制，因此，常采用二级生化处理。应该说，在设计合理、管理正常的情况下，我国目前采用的综合废水处理技术可以使排放废水中的主要污染物的指标（如COD、BOD、SS等）达到国家排放标准。但对制革废水进行处理后，会产生大量污泥。由于污泥中含铬、硫和大量中性盐，脱水及后处置比较困难。

3 皮革行业重大水专项形成的关键技术发展与应用

3.1 源头控制技术

3.1.1 源头绿色替代技术

制革过程中会用到多种化工原料，采用更为清洁的化学原料替代有害的化工原料，可减轻制革工业对人类健康和环境的不利影响。有害化学原料替代技术如表3－1所示。

表3－1 有害化学原料替代技术

工序	有害化学原料	清洁技术
浸水、浸灰、脱脂、染色等	烷基酚聚氧乙烯醚（APEO）	以脂肪醇聚氧乙烯醚或支链脂肪醇聚氧乙烯醚替代 APEO
脱脂	有机卤化物	使用非卤化溶剂，如线性烷基聚乙二醇醚、羧酸、烷基醚硫酸、烷基硫酸盐，采用水相脱脂系统；对卤化溶剂采用封闭系统，溶剂回用，减排技术和土壤保护等措施
脱灰	铵盐	使用硼酸、乳酸镁和有机酸（如乳酸、甲酸、醋酸等），以及有机酯降低废水中铵盐的污染，但废液中 COD_{Cr}和 BOD_5 会增加
鞣制、铬复鞣	铬鞣剂	使用钛盐（仅用于预鞣及复鞣）、铝盐、锆盐等非铬金属鞣剂替代或部分替代铬鞣剂；植物单宁与非铬金属鞣剂/醛类化合物结合替代或部分替代铬鞣剂

续表

工序	有害化学原料	清洁技术
鞣后各工序	有机卤化物 禁用染料 未吸收的油脂、染料	使用不含有机卤化物的加脂剂、染料、防水剂、阻燃剂等；使用与铬具有高亲和及高吸收的复鞣剂以减少向污水的排放量；使用氮含量及盐含量低的复鞣剂；使用高吸收加脂材料（如乳液加脂剂）；采用低盐配方、易吸收、液态的染料，停止使用含致癌芳香胺基团的染料
涂饰	溶剂型涂饰材料	使用清洁的涂饰材料，如高吸收染色材料和固色材料、水基涂饰材料、涂饰层高效交联材料、环保型胶黏剂和整饰剂等
各工序	杀菌剂、杀虫剂等	使用环境友好杀菌剂、杀虫剂代替
湿整饰工序	络合剂，如乙二胺四乙酸（EDTA）和次氮基三乙酸（NTA）	使用生物降解性好的络合剂

3.1.2 清洁生产节水技术

3.1.2.1 节水工艺优化[26]

根据湿加工特点和皮化材料的性能，可采用以下节水措施：①工艺操作实行“少浴、无浴化”；②“删、减、并”，实施“紧密型工艺”；③循环利用；清浊分流，净化回用；④分隔治理，净化回用。

3.1.2.2 闷水洗

将流水洗改为闷水洗，不仅用水量可以减少 25% ~30%，而且对产品质量有益而无害。目前，在工艺过程中提倡将浴液排放掉以后，再改流水洗为闷水洗，或闷水、流水交替进行。

3.1.2.3 采用新型节水设备

小液比工艺节水省时，化学品用量小。通过改装设备，采用小液比工艺，可将液比由 100% ~250% 降低至 40% ~80%。采用新型节水设备，如倾斜转鼓可有效降低液比达 30% ~40%。结合闷水洗，可节水 70% 以上。

3.1.2.4 工序合并

常规工艺完成浸水—脱脂的用水量很大，可以将酶浸水和酶脱脂合并，构建浸水—脱脂节水工艺，经实验后节水效果明显。用水量大幅下降，仅为常规工艺的1/3，节水率达到70%。

在传统工艺中复鞣、中和、染色、加脂都是单独进行，完成后要换浴水洗，从而排出大量的废水和水洗液，为了节约用水，可将上述工段一体化，即复鞣、中和、染色、加脂在同一浴中一次完成，减少水洗次数和工序操作的用水量。统计表明，一体化工艺和传统工艺相比，此工段可减少废水排出量50%左右。

3.1.2.5 废液回用技术

废液回用是节水、节能、减排的有效措施，不失为一种经济实用的污染控制技术。它具有以下特点：①废液回用可以达到不排或减少排放污染物的目的；②实施废液回用技术的费用较低；③废液回用可显著降低综合废水治理投资，降低治污治理成本。

将制革加工过程中湿整饰工序的废水过滤收集处理后回用到指定工序。各工序产生的废水分开收集并分别处理。在此基础上，对各工序废水循环进行系统集成，可大大减少废水的产生与排放。包括：①盐腌皮的浸水废水回用于浸酸工序；②在制革生产中，保毛脱毛浸灰废水回用；软化、浸酸废水，工序内部循环使用；③含铬废水处理后回用于浸酸工序；④复鞣染色前脱脂工序的废水用于浸水和地面清洁；⑤浅色的染色废水循环用于染深颜色；⑥染深颜色的废水进行脱色后用于染色或铬复鞣；⑦对多组分加脂废水工序内部循环使用。

循环使用的最后废水进行终水处理，过程废水回用，原则上适用于所有新建及已有制革企业，各工序因需要废水收集、处理和调控设备的差异，使用时需考虑额外的投资及运行费用。

3.2 过程控制技术

3.2.1 原皮保藏清洁技术

3.2.1.1 少盐保藏技术

采用食盐和脱水剂结合使用或采用食盐和杀菌剂、抑菌剂结合使用的保藏方法，达到中短期保藏的目的[27]。可供选择的杀菌剂、防霉剂及助剂主要有：硫酸氢钠、硼酸、碳酸氢钠、焦亚硫酸钠；Aracit K、Aracit DA、Aracit KL（TFL 公司）；Ubero 800（德国 Carpetex 公司）；Truposept BW（德国 Trumpler 公司）及 Cismollan BHO_2 等。

将上述处理后保存两周的原料皮经浸水后成革的感观和物理性能与传统方法相当，适用于短期保存的原料皮。

3.2.1.2 KCl 防腐法

该方法的原理与盐腌法类似，主要利用 KCl 的脱水性、渗透压及对酶的抑制作用来达到生皮的防腐目的。不同的是，制革废水中所含的 NaCl 很难被除去，直接排放会造成土壤的盐碱化，使农作物无法生长。而 KCl 却是植物生长所需要的肥料，因此，用 KCl 替代 NaCl 作为生皮的防腐剂，不失为一举多得的好方法。

实验表明用 KCl 处理生皮的保存期可达 40 天以上而不会出现任何异常，这一点已经能够满足制革的要求。不过 KCl 的价格要比 NaCl 高得多，所以成本较高，其次 KCl 的溶解度随温度降低而降低，寒冷气候时必须考虑温度的影响。因此，要实现用 KCl 替代 NaCl 还需要解决一些具体的技术问题。

3.2.1.3 低温处理技术

低温保存法又可称为冷藏保存法，该方法的原理是利用细菌在低于其生长繁殖的最适温度（一般为 30 ~ 40 ℃）情况下，生皮上大部分细菌的生长和繁殖会受到抑制。一般工厂在 0 ~ 15 ℃的温度保藏盐湿皮，这样细菌生长同样会受到抑制，可以减少腌皮的用盐量。

若保藏温度降至 2 ℃，可以使原皮保存 3 周以上。低温冷藏有时也会配合使用杀菌剂，并与常规盐腌工艺结合使用。

该技术几乎可以完全消除浸水废水中盐的排放，所得生皮质量较高；但需设置冷藏库，能耗较大，且运输成本增大。当屠宰场与制革厂距离较近、原皮购销渠道固定、原皮能在短期内投入制革生产时，适于采用该方法。

3.2.1.4　杀菌剂防腐保藏法

此法是将刚从动物体上开剥下来的鲜皮水洗、降温、清除脏物，再喷洒杀菌剂，或将原料皮浸泡于杀菌剂中，或将皮与杀菌剂一起在转鼓中转动，然后再将皮堆置以保存。杀菌剂主要有：硼酸、碳酸钠、氟硅酸钠、亚硫酸盐、次氯酸盐、酚类、噻吩衍生物及氯化苄烷胺等。

此法的优点是，当杀菌剂使用恰当，可以进行原料皮的短期防腐保藏时，操作较为简便，可以避免食盐污染。缺点是，只能短期保藏原料皮，经杀菌剂防腐保藏的原料皮要及时组织投产。此外，杀菌剂中大多数对环境会有一定程度的污染。

3.2.1.5　鲜皮制革

鲜皮直接投产，这样就基本不存在盐污染的问题，而且可以减少原料皮保藏过程中受到的伤害，从而提高成革质量。但鲜皮制革也会受到以下条件制约：生皮每天的供应量应稳定有规律，生皮的质量、重量应均匀，屠宰场和加工厂不应距离太远，以减少运输时间。总体来说，鲜皮制革需要将技术和商业运作结合起来，通过多方面的合作和科学的管理，才能达到既减少污染，又取得较高经济效益的目的。

3.2.1.6　辐射保鲜

该技术的要点是：动物皮从动物体上剥离后，立即用高速电子照射新鲜生皮，可以对原料皮进行灭菌消毒。采用此法处理后的鲜皮，可以保藏 6 个月以上。这意味着在不使用盐的情况下，能够长距离地运输原料皮，基本上可以满足生产的需要。

此法要在屠宰场内建设高速电子辐射装置，并实现工业化生产，其一次性投资比较大，会使原料皮成本提高。此外，能源的消耗也有可能大幅上升。

3.2.1.7 硅酸盐保存法

利用中性碱金属硅酸盐替代食盐进行原料皮防腐保藏，采用转鼓法和干粉撒布法对原料皮进行防腐处理，效果良好。

转鼓法：将原料皮浸入硅酸盐溶液中，液比1～1.5，硅酸盐浓度5%～30%，转动2～5 h后，换水，将生皮中和至pH值为5.0～5.5，中和时最好采用柠檬酸。中和结束后，出鼓，搭马，沥水。此原料皮可以保存几个月。干燥后，皮呈羊皮纸状态，回软后，可以生产出质量好的革。

干粉撒布法：先制备硅酸盐细粉，用甲酸及硫酸中和硅酸钠溶液，洗净中性盐，干燥、研磨，即得到硅酸钠粉末。对原料皮防腐时，可用原皮重量20%～25%的硅酸钠干粉，均匀撒布于原料皮上即可。类似于盐腌法中的撒盐法。此法特点：与用食盐保藏法相比，硅酸盐用量较少；脱水作用更强，但回湿没有困难；该方法保藏原皮，对成革质量没有影响；用硅酸盐保藏原皮的浸水废液，可以直接灌溉农作物，增加收成；虽然粉状硅酸盐材料成本是食盐的一倍，但其用量小，可节约废水处理费用且运输费用较低，因此，采用硅酸盐保藏原料皮在经济上也是可行的。

在欧盟最佳可行技术（BAT）文件中，使用杀菌剂进行少盐原皮保藏。在美国75%以上的原皮在屠宰场进行水洗、修边、去肉、腌制等操作，这种方法可以减少18%～24%的原皮重量，降低约12%的盐使用量。

3.2.2 浸水清洁技术

3.2.2.1 转笼除盐工艺

在浸水前，对盐腌皮进行转笼（用纱网做的转鼓），目的是脱落皮张表面的食盐，脱落的食盐可收集后重新使用。

该技术用于盐腌皮上多余食盐的去除和回收。方法简单易行，既节约食盐的使用量，又减少了污水中氯化物的排放量。回收盐再利用前需进行处理。原皮的品质可能会受影响。

3.2.2.2 酶助浸水技术

酶助浸水一般以蛋白酶为主浸水助剂，通过间质蛋白和蛋白多糖的酶促降解，使原皮快速有效地回水。在酶助浸水作用前，必须使纤维间质润胀到一定程度，才有利于酶促间质蛋白的降解。浸水酶制剂在使用时要求有一定的温度和 pH 值，并要求与之同浴使用的防腐剂、表面活性剂等其他材料对该酶制剂无抑制作用。由于浸水酶对胶原蛋白也有一定的作用，因此，必须严格控制其用量，协调好用量与作用时间之间的关系，对于品质较差、防腐性能差的原料皮要慎重使用[28]。

使用酶浸水，在提高浸水效果的同时，会减少酸、碱、盐等浸水助剂的使用，这些浸水助剂几乎不被原料皮吸收利用，会随着废水排放造成污染；同样像一般具有毒性的季铵盐类阳离子型表面活性剂也会减少使用，这类浸水助剂会使成革中含有少量有害成分。在酶浸水中所使用的酶主要有细菌/霉菌蛋白酶、胰酶和糖酶，也有配合使用脂肪酶或者单独使用脂肪酶的情况[29]。

在我国，已有部分企业采用转笼除盐技术，盐经处理后回收利用，回用率在2%左右，与国外存在一定差距。浸水工序采用酶助浸水技术，可以减少废水中盐的含量。但是上述两项技术都存在成革丰满度差、紧实的缺点，只适用于部分成革的生产。

在欧盟最佳可行技术（BAT）文件中，推荐尽量使用鲜皮加工或从蓝湿革开始加工皮革。同时提出浸水前使用机械方法除盐，可以回收5%左右的盐。

3.2.3 清洁脱脂工艺

脱脂工序的清洁生产主要基于以下几个方面考虑：①使用可降解表面活性剂（如脂肪醇聚氧乙烯醚等）代替烷基酚聚氧乙烯醚类表面活性剂；②使用非卤化溶剂，以减少 AOX 排放；③采用循环闭合工艺，减少有机溶剂排放。

3.2.3.1 酶助脱脂工艺

酶助脱脂是利用脂肪酶水解油脂分子除去生皮中油脂的一种技术，属于水解法脱脂。一般来说，脱脂工序所使用的脂肪酶应当满足以下要求：①脂肪酶 pH 值在 8 ~ 10 的范围内具有较高的活性和稳定性；②具有较高的耐热性；③能与表面活性剂兼容；④可与其他蛋白酶兼容。

同皂化法、乳化法和溶剂法等相比，酶助脱脂的优点主要表现在以下几个方面：①脱脂均匀，脱脂废液中的油脂更容易分离回收；②在浸水、浸灰等工序中使用脂肪酶可使裸皮表面更洁净、更平整；③可减少表面活性剂的用量，甚至不使用表面活性剂；④成革质量有所提高，尤其是可以改善绒面革的质量，有利于制造防水革和低雾化值汽车坐垫革；⑤对于多脂皮的脱脂，可以避免使用溶剂脱脂，从而降低生产成本。

目前，酶助脱脂在制革工业中的应用还不广泛，主要是因为成本较高、控制难度大。

3.2.3.2 可降解表面活性剂脱脂

表面活性剂是一类具有表面活性的化合物，将表面活性剂溶于液体后，能显著降低溶液的表面张力，并能改进溶液的增溶、乳化、分散、渗透、润湿、发泡和洗净等能力。表面活性剂按其分子构型和基团的类型，可以分为阳离子型、阴离子型、非离子型和两性型 4 类，各类型表面活性剂在制革工业中都有涉及。脱脂过程中使用的大量表面活性剂排入水体后，消耗溶解氧，并会对水体生物有轻微毒性，能造成鱼类畸形，其中所含磷酸盐会造成水体的富营养化，从而对环境造成不良影响，破坏生态平衡。脱脂时往往都会大量地使用表面活性剂来进行脱脂。在脱脂中使用大量的表面活性剂，可能会对环境造成污染。因此，应尽可能采用可降解的表面活性剂进行脱脂。

目前研究发现，脂肪醇聚氧乙烯醚、烷基醇醚羧酸盐、酰胺醚羧酸盐、烷基多苷、烯基磺酸盐、脂肪酸甲酯及仲烷基磺酸盐等直链脂肪族表面活性剂生物降解性较好，且性能温和、抗硬水能力强，具有广阔的发展前景。其中，脂肪醇聚氧乙烯醚的生化降解率可达 90% 以上，是可优先选用的脱脂剂。

3.2.3.3 超声波和超临界 CO_2 脱脂技术

使用一定频率的超声波处理生皮，能够破坏脂肪细胞，使皮中油脂更好地乳化和分散，从而促进脱脂效果。利用超声波的乳化作用和加热效应辅助乳化法进行脱脂，既能消除有机溶剂的污染，极大地降低表面活性剂的用量，又能达到超声波辅助溶剂法 80% 的脱脂效果。

超临界 CO_2 因其并不苛刻的临界参数（临界压力 =73.9 bar，临界温度 = 31.0 ℃）而作为一种被广泛使用的流体来抽提多种物质。使用超临界 CO_2 来抽提脱脂，脱脂率随着 CO_2 浓度、流速的增加和抽提时间的延长而提高，而随着水分含量的增加而降低。在最佳实验条件下，脱脂率可达到 94% 以上。

由于生产设备复杂、前期投资大、工艺条件不成熟等原因，上述两种脱脂技术目前尚未工业化应用，仅存在于实验室研究阶段。相信随着研究的不断深入和发展，这些较清洁的脱脂方法有望在未来的制革过程中得到应用。

3.2.4　脱毛浸灰工序清洁技术

3.2.4.1　氧化脱毛法

氧化脱毛法，是用氧化剂破坏毛角蛋白的双硫键使毛溶解的一种方法。氧化脱毛法使用的氧化剂主要有亚氯酸钠和过氧化氢。

亚氯酸钠脱毛法还兼具脱脂、分离和松散胶原纤维等作用，因此，采用亚氯酸钠脱毛法脱毛后的裸皮可以直接进行鞣制。此法与传统的硫化钠脱毛法相比，能很好地控制废水中的硫离子，不过缺点是氧化操作需格外小心，若氧化作用太快，氯气和二氧化硫气体产生后，可能会引起转鼓爆炸。产生的气体对大气有严重的污染，对人体的危害也极大，对转鼓的腐蚀也很大。

过氧化氢脱毛法，在解决脱毛废液污染问题方面有着非常显著的效果，不仅可以控制脱毛废液中的硫离子，而且脱毛废液中的有机物含量、总固体含量及氨氮含量均低于硫化物脱毛法。过氧化氢脱毛法可使蓝湿革中的三氧化二铬含量有一定程度的提高，从而使其湿热稳定性得到提高。研究表明，过氧化氢法脱毛是完全可行的，具有很大的推广应用价值。

3.2.4.2　酶脱毛法

酶脱毛首先是酶将毛囊与毛袋、毛球与毛乳头之间的黏蛋白及类黏蛋白消解，使得毛与毛之间的连接削弱，然后在机械作用下使毛脱离表皮从而达到脱毛的目的。常见的酶脱毛方法有 3 种，即有液酶脱毛、无液酶脱毛和滚酶堆置酶脱毛。目前常用的脱毛酶制剂主要包括 166、1398、3942 三种中性蛋白酶和 209、2709 两种碱性蛋白酶。

酶脱毛法的优点是基本消除了硫化物的污染，可回收高质量的毛。但是，酶脱毛法存在着成本高、难控制及成革质量不稳定等缺点。

3.2.4.3 保毛脱毛工艺

首先对毛干进行“免疫”（也称护毛）处理，再通过控制碱和还原剂对毛的作用条件，使脱毛作用主要发生在毛根，毛较完整地从毛囊中脱除，再使用循环过滤系统将毛回收利用。常见方法有色诺法（Sirolime）、HS 保毛浸灰法及布莱尔法（Blair）等。

（1）色诺法[30-31]

在一个相对较低的 pH 值环境（pH 值约 8.6）中硫氢化钠浸渍生皮，可以发挥 HS^- 的护毛作用，而不会对毛有任何损伤，然后经过 $Ca(ClO)_2$ 的短时间处理，将生皮表面上的 NaHS 去除，保证毛在强碱处理中遭到破坏。之后毛在加入了 $Ca(OH)_2$ 的强碱环境中脱落，再经循环分离系统将毛分离单独处理。该工艺的优点在于原材料易得，不需要特殊的化工材料，粒面清洁，成革质量较好；缺点则是整个工艺较复杂，当原料一次投入较多时，脱毛效果较差，同时硫化物用量较高。

（2）HS 保毛浸灰法[32]

脱毛过程既可以在转鼓中反应，也可以在划槽里进行。原料皮浸水时加入氢氧化钠或纯碱将 pH 值调节到 9～10，然后加入浸水酶、润湿剂和脱脂剂等，原料皮在相关辅助剂的作用下反应 4～5 h 后进入潜伏期，此时液比为 70%～80%，再加入石灰升高 pH 值激活后达到护毛目的，最后加入 0.7%～1.2% 的硫氢化钠进行脱毛回收。

（3）布莱尔法[33]

适当的碱处理对毛干进行护毛作用后，加入硫氢化钠使毛根松落，然后再利用机械作用去除。该法由于经过石灰的预处理，有利于去除纤维间质及松散纤维束，使皮膨胀均匀，成革柔软有弹性、质量好。但是对制革厂的管理水平要求很高，对工艺温度和时间的控制要求非常严格。

该方法适用于不同类型皮革的脱毛处理。保毛脱毛技术能有效减少废水中各种污染物的排放，减少污泥产生量，降低后期污水处理成本。用该技术需安装循环过滤设备，适用于新建和已有制革企业脱毛处理。

3.2.4.4 低硫低灰脱毛技术

用含硫有机物，如硫乙醇酸盐、硫脲衍生物特别是巯基乙醇，或同时用酶制剂代替或部分代替无机硫化物进行脱毛。

低硫低灰脱毛技术可用于保毛脱毛工艺，也可用于毁毛脱毛工艺，具体硫化物用量与采用的脱毛工艺有关。低硫低灰脱毛技术可减少硫化物用量及废水中污染物的排放量。适用于新建或已有制革企业脱毛浸灰工序。

3.2.4.5 脱毛浸灰液直接循环利用技术

收集含硫化物的保毛脱毛浸灰废水，过滤并调节浴液化学成分后，重新用于另一次脱毛浸灰作业。适用于制革企业脱毛工序浸灰废水的回收利用。

采用该方法，可减少硫化物污染 50% ~ 70%，制革废水中的 BOD_5、COD_{Cr}也大大降低，浸灰废水回收率在 50% ~70%。蛋白质、中性盐等会在循环液中累积，循环次数一般低于 5 次，因此，要求严格的过程控制，否则皮革品质会受到不良影响。

3.2.4.6 浸灰废水全循环利用技术

将浸灰废水置于密闭容器中，加入酸性物质使硫化物转化为硫化氢气体逸出，并用碱性材料吸收生成硫化物，重新回用于保毛脱毛的浸灰阶段，同时使废水中的蛋白质达到等电点而沉淀出来，并进行回收，可将废水回用于制革的预浸水工序，将回收的硫化钠回用于脱毛工序，回收的蛋白质经过纯化和改性后可制备成为蛋白填料后回用于制革的复鞣工序，或制作成肥料原料，从而使浸灰废水完全得到回收利用，且可实现多次循环[34]。

该技术采用通入气体的方法，省去了反应釜中的搅拌装置，提高了硫化氢气体的回收率，提高了容器的密封性能。适用于所有新建和已有制革企业。

国外该工序采用的源头控制技术主要是保毛脱毛技术、低硫浸灰系统和浸灰废液循环利用技术等。与毁毛脱毛技术相比，保毛脱毛技术的浸灰废液可减排悬浮物 70% 以上、减排 BOD 50% 以上、COD 50% 以上、氨氮约 25%、硫化物 50% ~60%；低硫浸灰系统可减少 40% ~70% 的硫化物排放；浸灰废液循环利用技术可减排 COD 30% ~40%，减排硫化物 50% ~70%，减少用水量 70%，减少硫化物的加入量 20% ~50%，减少石灰的用量 40% ~60%。

目前，我国部分制革企业常用的源头控制技术包括保毛脱毛技术、低硫低灰脱毛，使用有机硫制剂、酶制剂等来减小硫化物和石灰的用量，上述技术水平和国外先进技术相当。浸灰废液间接循环利用技术可以在回收硫化钠的同时对蛋白质也回收利用，并去除大部分氨氮，清液回用于预浸水工序，该项技术可以降低悬浮物50%以上，硫化钠回收率达到99%以上，COD去除率达到90%以上，同时对氨氮的去除率也达到80%以上，达到了国际先进水平。

采用层次分析—模糊综合评价法，从工艺技术性能、经济性能、运行管理、污染控制4个评估指标对脱毛浸灰工序的不同技术进行综合量化评估，由结果可知，保毛脱毛法是最佳污染防治控制技术，低硫低灰法和酶脱毛法次之。低硫低灰法和酶脱毛法也是一种较好的污染防治控制技术，但尚不及保毛脱毛技术。

3.2.5 清洁脱灰技术

3.2.5.1 CO_2 脱灰技术

该技术适用于新建及已有制革企业裸皮的脱灰处理。主要用于牛皮和少量绵羊皮脱灰处理。该技术易于实现自动化控制，需要 CO_2 加压储罐，并对运行系统进行定期检查。运行成本与处理时间及 CO_2价格有关，可能会略高于传统铵盐脱灰。总体来说，CO_2脱灰投资少，成本低（超临界 CO_2流体脱灰投资较高），可以有效降低废水中氨氮及BOD含量，BOD可降低50 % 以上，减少生产车间的氨气污染，控制方便，皮革质量较好，是一项值得推广的清洁化技术。据国外统计，若对每天加工25 t生皮的制革厂推广该技术，需要投资约5万欧元，投资成本回收期1～2年。

3.2.5.2 镁盐脱灰技术

采用其他无污染脱灰剂替代铵盐脱灰，其中镁盐被认为是最有希望取代铵盐的脱灰剂，如乳酸镁、硫酸镁、氯化镁单独或配合酸使用，可以得到较好的脱灰效果[35]。该法操作简便，能有效地去除皮坯中的钙，脱灰后的废液中的氨氮含量仅为常规铵盐脱灰法的10%，但废水处理费用稍有增加，其实际成本并没有增加太多。同时不会产生灰斑，且成革的粒纹好于常规硫酸铵脱灰法成革。

3.2.5.3 有机酸/有机酯脱灰技术

使用有机酸如乳酸、甲酸、醋酸等，以及有机酯，代替铵盐用于脱灰工序。

使用弱的有机酸或有机酸酯脱灰，能降低废水中铵盐的污染，但废水中 COD_{Cr} 和 BOD_5 含量会增加。适用于新建及已有制革企业裸皮的脱灰处理[36]。

采用层次分析—模糊综合评价法，从工艺技术性能、经济性能、运行管理、污染控制4个评估指标对脱毛工序的不同技术进行综合量化评估，结果发现，无铵脱灰法是最佳污染防治控制技术，是一个很值得推广及工业化使用的脱灰工序清洁生产技术，CO_2 脱灰法次之。

3.2.6 清洁浸酸工艺

3.2.6.1 铬鞣废水浸酸回用

如果实施铬管理系统，在浸酸工序中也可回用铬鞣废水，会降低盐的用量及排放。通过过滤、沉淀、水解、氧化和还原等技术措施，去除铬鞣废水中的固形物杂质、水溶性杂质，以及与铬盐结合的杂质，处理后上清液回用于浸酸工序。

该工艺存在以下几个方面的技术关键点：建立封闭式的铬液循环体系，其他废水不得混入；要有完善的过滤体系；严格控制工艺条件；控制中性盐的含量，提高鞣液的蒙囿功能等。

3.2.6.2 不浸酸铬鞣技术

不浸酸铬鞣技术主要原理是合成新的铬鞣剂，使其在高pH值条件下也可以顺利渗透，并利用鞣剂自身的酸性将浴液的pH值调至适合铬鞣的范围内，从而实现不浸酸铬鞣。四川大学陈武勇等合成了一种不浸酸铬鞣剂C－2000（Cr_2O_3 含量21.0%±1.0%），已由广东新会皮革化工厂生产并在一些制革厂使用。国外P. Thanikaivel an等也制备了3种不浸酸铬鞣剂，并应用于生产。

不浸酸铬鞣方法所鞣制的猪皮、牛皮、羊皮，铬吸收率都较常规浸酸铬鞣方法高，其中牛皮和羊皮的铬吸收率超过90%，而一般的浸酸铬鞣方法中铬吸收率都为70%左右。同时，废液中的铬含量也明显减少，降低了铬污染。由于直接对脱灰软化后的裸皮进行鞣制，省去了浸酸工序，而且鞣制后期不需要提碱，因此，不仅节约了用水，还大大减少了鞣制残留液中的总溶解物（TDS）和氯离子含量。从鞣制过程的总废液来看，TDS和氯离子排放量分别较常规铬鞣减少80%和99%，COD排放量也有不同程度的降低。

3.2.6.3 无盐/少盐浸酸技术

无盐/少盐浸酸技术主要是采用非膨胀酸或酸性辅助性合成鞣剂替代或部分替代浸酸，在将裸皮pH值降至铬鞣所需pH值的同时，不会引起裸皮的膨胀，无须加入食盐。

浸酸后裸皮粒面平滑细致，有利于对酸皮进行削匀和剖层，铬鞣时有利于铬的渗透和吸收。有效减小盐对环境的影响，适用于已有和新建浸酸工序。

3.2.6.4 浸酸废液的循环利用

浸酸结束后，先将浸酸废液排入储存池，过滤，滤去纤维、肉渣等固体物。然后，用耐酸泵将计量废液抽入储液槽中。最后，按比例加入甲酸和硫酸，将浸酸废液的pH值调至浸酸开始时的pH值，备用，如此循环往复[37]。

采用此法，可减少食盐用量80%～90%，减少酸的用量约25%。浸酸废液循环利用，在很大程度上减少了浸酸工序废水及盐等污染物的排放。

采用层次分析—模糊综合评价法，从工艺技术性能、经济性能、运行管理、污染控制4个评估指标对浸酸工序的不同技术进行综合量化评估，评估结果表明，不浸酸铬鞣技术是最佳污染防治控制技术，无盐浸酸技术和浸酸废液循环利用技术次之，这两个技术都是一种较好的污染控制技术，但综合对比来看尚不及不浸酸铬鞣技术。

3.2.7 清洁鞣制工艺

3.2.7.1 高吸收铬鞣技术

根据三价铬盐的特性及铬配合物鞣剂的特征，为使铬鞣剂充分被裸皮吸收、固定，提高皮胶原与铬的结合效率，可以采用以下方法：①优化工艺参数，如pH值、温度等，尽量减少铬的投入量；②采用小液比工艺，可在保证铬浓度的同时，减少铬的投入量；③延长处理时间以保证铬的充分渗透和反应。

此外，还可以添加助鞣剂，一方面可以改善铬配合物的性能；另一方面也可以改变胶原蛋白与金属离子的结合模式，从而起到提高铬吸收的作用。

该技术无须引入新的工艺及设备，只需通过优化理化参数，就可将铬吸收率提高至90%左右。若再结合助鞣剂，铬吸收率可达到95%以上。采用该工艺可减少铬粉的消耗量，减少含铬废水和污泥的产生。该工艺适用于新建及已有制革企业铬鞣工序。

3.2.7.2　铬鞣废水直接循环利用技术

在鞣制、复鞣工段，鞣制结束后，将废铬液单独全部收集，滤去肉渣等粗大的固体，调节组成后循环利用。目前，高吸收铬鞣废水的循环途径主要有两种：①铬鞣废水回用于浸酸工序；②铬鞣废水回用于鞣制工序[38-39]。

铬鞣废液回收处理后，用于浸酸、铬鞣和复鞣等工序的工艺流程如图3-1所示。

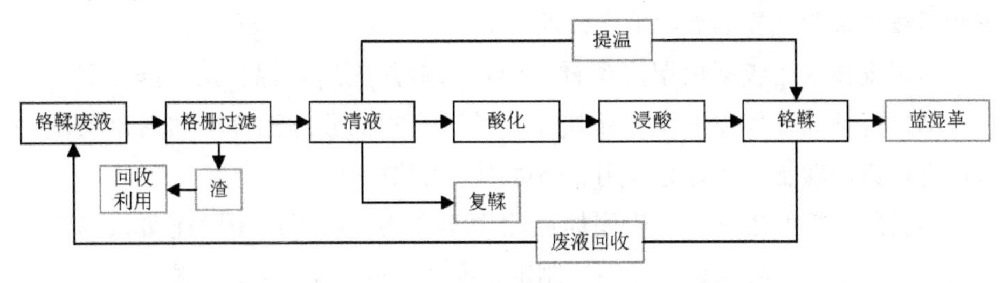

图3-1　废铬液循环利用流程

该工艺存在以下几个方面的技术关键点：建立封闭式的铬液循环体系，其他废水不得混入；要有完善的过滤体系；严格控制工艺条件；控制中性盐的含量，提高鞣液的蒙囿功能等。根据调查，鞣制液循环一段时间后，为了保证鞣制质量必须予以排放，循环可达10次以上。

铬鞣废液直接循环利用，不仅可以大幅减少含铬废水的排放量（减少85%以上），同时可回收、节约20%~30%的铬盐，节约60%以上的工业盐。

该技术适用于皮革及毛皮加工企业铬鞣废水循环回收利用，操作简便、灵活，适用于各类皮革，但皮革品质可能会有所降低。例如，蓝皮的颜色可能会变深，影响后续的染色效果。此外，杂质（蛋白、油脂）、表面活性剂和其他化学品会在循环中累积，回用次数有限，而且该工艺不能解决鞣制后清洗废水中铬的问题。

3.2.7.3 铬鞣废水全循环利用技术

通过过滤、沉淀、水解、氧化和还原等技术措施，去除废水中的固形物杂质、水溶性杂质，以及与铬盐结合的杂质，重新恢复铬盐的鞣性。处理后上清液回用于浸酸工序。

与未经再生处理直接回用铬鞣剂相比，采用该技术回用的铬鞣剂具有收缩温度高（即鞣性强）、蓝湿革外观浅淡等优点。采用该技术，铬的回用率可以达到99%以上，可以完全解决铬盐污染的问题。该技术适用于皮革及毛皮加工企业铬鞣废水循环回收利用。

3.2.7.4 白湿皮技术

白湿皮技术是指用无铬的金属鞣剂（如铝、钛盐等），有机鞣剂（如醛、多酚类及合成鞣剂）或含硅化合物等对裸皮进行预处理，使皮张能承受一定的机械操作，如片皮、削匀等。片削后的白湿皮可以根据不同革品种的需要进行后续的鞣制、复鞣等后工序处理。

白湿皮技术还包括白湿皮预鞣，即在铬鞣前先用含铝、钛、硅、醛等非铬鞣剂进行预鞣，使皮纤维初步定型，并适当提高收缩温度，然后剖层削匀后再进行铬盐鞣制。或者完全用非铬鞣剂代替铬鞣剂。

剖层削匀精度较高，产生固体废物中不含铬。白湿皮预鞣还可以提高后续铬鞣工序中铬的吸收率。适用于制革企业灰皮的无铬预鞣/鞣制。

3.2.7.5 植鞣技术

采用植物鞣剂（栲胶）或与少量其他鞣剂结合鞣制，如植—无机鞣剂结合、植—有机鞣剂结合、植物鞣剂复鞣填充等[40]。完全的植鞣工艺很难在产品性能上达到铬鞣皮革的品质，植鞣可以在脱灰后直接进行，或浸酸、预鞣（通常使用替代的合成鞣剂或者多聚磷酸盐）后进行，但鞣制前应将皮的pH值调节到适宜值（4.5～5.5）。鞣制可在池中、转鼓，或者池中和转鼓结合进行。

3.2.7.6 CO_2超临界流体无污染铬鞣技术

CO_2超临界流体无污染铬鞣技术的核心是利用处于超临界状态下的CO_2

代替水作为介质（或代替某些制革化工材料等），并在此介质中实现制革“湿”操作反应。该技术提出了一种无污水排放的制革新概念。

在 CO_2 超临界流体介质中铬鞣，其最佳条件为：裸皮浸酸 pH 值为 3.5，温度 34 ℃，压力 7.5 MPa，转速 50 r/min，夹带剂 0.08% ~0.1%，KMC－25% ~6%，时间 60 min；鞣制时需将铬鞣剂和夹带剂混合均匀，与浸酸皮一同放入反应器，将反应压力、温度、转速调至规定值，处理至规定时间即可。与常规铬鞣相比，采用 CO_2 超临界流体铬鞣坯革中铬的分布更均匀，半成品革的机械强度更高。采用 CO_2 超临界流体铬鞣不仅铬鞣工艺简便，鞣制时间短，仅为常规铬鞣的 4.5% ~7.0%，大大缩短工艺周期，且鞣制效果好。既节约水，又无废液排出，实现了铬的近零排放，消除了铬鞣中铬的污染，是很有前途的清洁化、生态化制革技术的发展方向。由于该技术需要特制的处理设备和介质源，目前还处于实验室研究阶段，离实现工业化还有一段距离，还需完善相应的研究工作和工程配套的问题，希望该技术能早日实现工业化。

采用层次分析—模糊综合评价法，从工艺技术性能、经济性能、运行管理、污染控制 4 个评估指标对鞣制工序的不同技术进行综合量化评估，评估结果可知，高吸收铬鞣技术是最佳污染防治控制技术，铬鞣废液循环利用技术和无铬鞣技术次之，这两个技术都是一种较好的污染控制技术，但从产品性能方面来看与高吸收铬鞣技术相比还有一定的差距。

3.2.8　鞣后工序的清洁生产技术

3.2.8.1　清洁化料的使用

复鞣、加脂、染色过程中使用清洁的化学原料，应注意：①使用与铬具有高亲和及高吸收的复鞣剂以减少向污水的排放量；②使用氮含量及盐含量低的复鞣剂；③使用高吸收加脂材料（如乳液加脂剂）；④采用低盐配方、易吸收、液态的染料，停止使用含致癌芳香胺基团的染料。

3.2.8.2　超声波助染技术

超声波在液相中的传播，随其功率的增加，对液体中分散物的分散、助溶作用越强，同时加速液体中的分散物向固体的扩散和渗透过程，这就是超声波的助染原理[41]。

研究表明，使用超声波助染可提高染料渗透程度50% ~120%，缩短染色时间40% ~70%，减少染料用量30%，且可在低温下染色。有利于节约能源和资源，降低成本。

3.2.8.3 超声波辅助加脂技术

利用超声波处理加脂剂或者在加脂过程中使用超声波，由于超声波的空化效应和分散作用，能改善加脂剂在水中的乳化、分散效果，促进加脂剂的渗透和在革内的均匀分布，即有助于油脂的吸收与结合，尤其是对植物油的效果更佳[42]。

3.3 末端控制技术

3.3.1 分质预处理技术

3.3.1.1 脱脂废水的处理技术

（1）气浮法

油脂废水通过底部装有沉式堰与上部聚集漂浮的油脂相分离，如果油珠粒径过小，可辅以气浮法。气浮法的主要原理是将压缩空气通入含油废水的收集池底部，上浮气泡使油脂浮至表面，然后以人工或机械方法清除，从而使杂质和清水分离。采用气浮法处理含油废水时一般还需添加一定量的絮凝剂，形成一个内部充满水的网络状构筑物的絮凝体，此絮凝体可以黏附一定量的气泡，由此实现油脂的高效分离。气浮法除了可用于脱脂废水预处理外，还可应用于综合废水处理。

气浮法可以去除脱脂废水中的脂肪、油脂和动物脂，油脂去除率和COD_{Cr}去除率在85%左右，总氮去除率在15%以上。处理后废水合并入综合废水进行后续处理。该技术操作简单，处理效果较好，适用于制革企业脱脂废水预处理及油脂回收。

（2）酸提取法

含油脂的废水在酸性条件下破乳，使油水分离、分层，将分离后的油脂层回收，经加碱皂化后再经酸化水洗，最后回收得到混合脂肪酸。具体工艺技术路线是：加入 H_2SO_4 调节 pH 值至 3～4 进行破乳，通入蒸汽加盐搅拌，并在 40～60 ℃静置 2～3 h，油脂逐渐上浮形成油脂层。将油脂层移入高压釜中，在压力下加热使其变稀薄，经压滤机过滤后，送入第二高压釜中进行酸液精炼。每提取 1 t 油脂，要用质量分数为66%的硫酸 1.0～2.5 t。回收后的油脂经深度加工转化为混合脂肪酸可用于制皂。

一般进水油的质量浓度为 8～10 g/L，出水油的质量浓度小于 0.1 g/L。回收油脂可达95%，COD_{Cr} 去除率在90%以上，处理后废水合并入综合废水进行后续处理。酸提取法主要用于含油脂废水的预处理，是目前制革厂最广泛采用的油脂回收方法。

（3）其他工艺

其他工艺还包括离心分离法和溶剂萃取法。

离心分离法是通过离心分离机或水力旋流器高速转动产生的离心力，将含油污水中的散油、乳化油等密度较小，但易受离心作用力影响的油上浮分离。离心分离法可以分离粒度在 5 μm 以上的油，分离速度快、效率高，但是对能源的消耗较大。溶剂萃取又称液—液萃取，它是依据待分离溶质在两个基本上互不相溶的液相间分配的差异来实现溶质分离的。其萃取步骤可概况为：将萃取剂与含油的废水充分接触混合，溶解在水质中的油转移到萃取剂中，直到在两液相中达到平衡，分离有机相和水相，此时废水得到净化，油类物质可从溶剂中反萃取出来，从而实现溶剂的重复利用。总体而言，溶剂萃取法过程简单，溶剂循环使用，过程中不易造成二次污染。

3.3.1.2 含硫废水的处理技术[9,12]

（1）化学絮凝法

向脱毛液中加入可溶性化学药剂，使其与废水中的 S^{2-} 起化学反应，并形成难溶解的固体生成物，进行固液分离而除去废水中的 S^{2-}。处理硫化物常用的沉淀剂有亚铁盐、铁盐等。具体工艺过程为：脱毛废水经格栅过滤掉毛和灰渣后，调节 pH 值为 8～9，再加入沉淀剂，絮凝反应终点控制 pH 值在 7 左右。沉淀剂的投加量按废水中硫化物的量来计算，一般为污水量的 0.2%，可加入铝盐作为助凝剂。

采用化学絮凝法，硫化物去除率在95%以上，硫化物可达标排放。该技术操作简单，处理彻底，但会生产大量黑色污泥，易造成二次污染。化学絮凝法用于制革企业灰碱脱毛废水预处理，主要处理目标是硫化物，处理后废水合并入综合废水进行后续处理。

（2）催化氧化法

借助空气中的氧，在碱性条件下将 S^{2-} 氧化成无毒的存在方式，如硫酸根、硫代硫酸根或单质硫。为提高氧化效果，在实际操作中大多添加锰盐作为催化剂。

催化氧化法是将脱毛废水经格栅过滤掉毛和灰渣后，输入反应器，加入催化剂，开启循环水泵，通过曝气装置强制循环。催化剂用量根据废水中硫化物的含量而定，一般来说，硫酸锰用量为硫化物量的5%，处理时以溶液状态加入较为适宜。可采用鼓风曝气或机械曝气，曝气时间3.5～8.0 h。废水pH值应控制在碱性范围，硫酸锰溶液分别在曝气前和曝气15 min后分两次加入处理效果最好。采用催化氧化法的硫化物去除率在80%以上，该技术成熟度高，投资费用低，处理后污泥量小。本方法主要用于制革企业灰碱脱毛废水预处理，主要处理目标是硫化物，处理后废水合并入综合废水进行后续处理。

（3）酸化吸收法

脱毛废液中的硫化物在酸性条件下产生易挥发的 H_2S 气体，再用碱液吸收，生成硫化碱回用。酸化吸收法是将含 Na_2S 的脱毛废液由高位槽放入反应釜中，至有效液位后即关闭阀门。从贮酸高位槽往反应釜内加入适量硫酸，将混合液pH值调至4.0～4.5，再用空气压缩机把空气从反应釜底部送入釜中，将所产生的硫化氢气体缓缓地送入吸收塔，用真空泵连续抽出吸收塔尾部的气体，而后排空，整个过程约需要6 h完成。酸化吸收法处理灰碱脱毛废液工艺流程如图3－2所示。

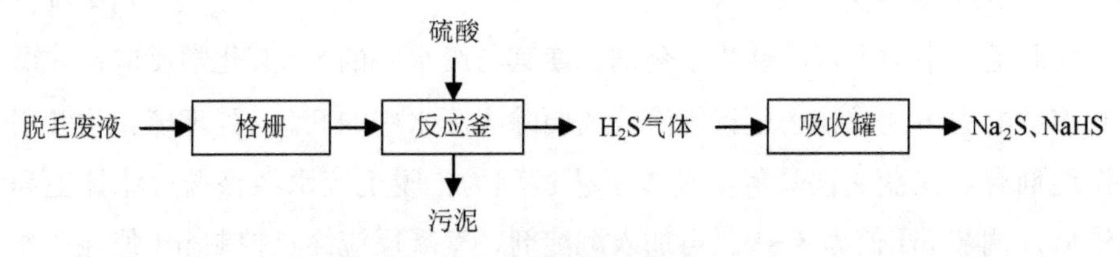

图3－2　酸化吸收法工艺流程

采用酸化吸收法处理脱毛废液，硫化物去除率可达90%以上，COD去除率可达80%以上。该方法可以实现硫化物的资源化回收，碱吸收后的硫化钠可以直接回用于脱毛工序，是一项值得推荐的技术，但对设备的要求较高，目前未得到普遍应用。

3.3.1.3 铬鞣废水的处理技术

（1）铬沉淀回收技术[12,43]

铬鞣废水单独收集，加碱沉淀，控制终点 pH 值为 8.0 ~ 8.5，将铬污泥压滤，压滤成铬饼，循环利用或单独存放，铬回收率达 99% 以上，上清液中的总铬含量小于 1 mg/L。废铬液中铬的主要存在形式是碱式硫酸铬，pH 值为 4 左右。加入碱，产生 $Cr(OH)_3$ 沉淀，将沉淀分离出来的铬泥加硫酸酸化，重新变成碱式硫酸铬，因为它具有鞣性，因此可重复使用。

铬回收彻底，废水中 Cr^{3+} 去除率达 95% 以上，处理后废水合并入综合废水进行后续处理。该技术成熟，操作简便，铬回收彻底，用于制革企业含铬废水预处理，处理后废水一般合并入综合废水进行后续处理。

（2）含铬废水氧化回收铬技术

采用氧化方法除去与铬盐牢固结合的有机小分子，得到纯度比较高且鞣制性能良好的铬鞣剂。将回收的铬鞣剂回用于制革生产的鞣制工序中，既可以消除铬鞣废水对环境的污染，而且还能变废为宝，增加企业的效益。

该技术可减排总铬 99% 以上，减排含铬污泥 100%，铬鞣废水循环利用率为 97% 以上，可实现无限次循环。经过该技术再生处理后得到的铬鞣剂与未经再生处理直接回用铬鞣剂相比，具有收缩温度高（即鞣性强）、蓝湿革外观浅淡等优点。该技术适用于所有制革、毛皮加工企业。

（3）对于含铬浓度较低没有回用价值的废水，包括铬鞣后各工序水洗废水、复鞣染色加脂废水，需分流单独收集，加碱将铬沉淀，所得铬泥需交付有危废处理资质的单位做无害化处理。

3.3.2 综合废水治理技术

经过预处理的脱脂废水、含硫废水、铬鞣废水和与其他工段产生的废水混合在一起形成综合废水，综合废水的处理一般分为一级处理和二级处理。

一级处理部分是由各种形式的格栅、格网、沉砂池，以及各种形式的调节池和沉淀池等组成。为了降低二级处理的污染负荷量，采用化学混凝和絮凝的气浮处理以加强一级处理的制革污水处理系统也日趋增多。

二级处理部分目前主要以生物好氧处理，即活性污泥处理法为主，为了降低制革污水处理成本，减少污水处理的投资费用，还需要进行各种处理方法的结合。

3.3.2.1 机械（物理）处理

机械处理主要是通过筛滤去除大颗粒悬浮物，如皮屑、毛发、肉渣等，从而保证废水处理后工序能够稳定、正常运转。设备包括格栅和筛网，可自行加工，但需要经常清理才能发挥作用，最好采用自动清理装置。机械处理还可能包括脂肪的去除，以及油脂的重力沉降（沉淀）。

该技术是所有未处理制革废水的首步处理单元。总 SS 去除率为 30% ~ 40%，分离出的固体需要进一步处理。COD_{Cr}去除率达 30%，从而节省后续处理中絮凝化学品的用量，降低污泥产生量。

3.3.2.2 物化处理

（1）化学中和法

用化学方法消除废水中过量的酸或碱，使其达到中性的过程称为中和。处理碱废水以酸为中和剂，处理含酸废水以碱为中和剂，酸碱均指无机酸或无机碱。中和处理还应考虑“以废治废”的原则。中和处理可以连续进行，也可以间歇进行。

中和法一般分为酸性废水与碱性废水互相中和法、药剂中和法、过滤中和法。其中，以 HCl 和 NaOH 为中和剂的药剂中和法最为常用，因为其操作方便，高效且易控制。

（2）混凝—气浮法

制革废水调节 pH 值后，加入如硫酸铝、硫酸亚铁、高分子絮凝剂等混凝剂，发生絮凝沉淀。如果含铬废水或含硫废水未经过前处理，也会发生絮凝，然后用浮选法对废水进行净化，混凝剂最佳剂量和最佳条件需通过现场实验确定。

目前，压力溶气气浮法应用最广。先将空气加压使其溶于废水形成空气过饱和溶液，然后减至常压，释放出微小气泡，并将悬浮固体携带至表面。技术特点及适用性：设备简单、管理方便，适合间歇操作。用于制革企业排放废水的预处理，大大削减了 COD_{Cr}、BOD_5、SS 等污染物，减轻了后续生化处理的负荷。

（3）内电解法[44]

内电解法又称微电解法，通常是以颗粒料炭、煤矿渣或其他导电惰性物质为阴极，铁屑为阳极，废水中的导电电解质起导电作用，形成原电池。在酸性条件下发生电化学反应产生的新生态［H］可使部分有机物断链，改变有机官能团。同时产生的 Fe^{2+} 是一种很好的絮凝剂，通过微电解产生的不溶物被其吸附凝聚，从而达到去除污染物的目的。

该技术占地面积小，投资小，运行费用低，采用工业废铁屑，以废治废，不消耗能源。适合中小型制革厂废水预处理，COD_{Cr}、BOD_5、SS 去除率达 70% 以上，同时提高难降解物的可生化性，有利于后续生化处理，但处理过程污泥产出量大。

3.3.2.3 生物处理

生物处理单元用于机械和物化处理之后，也可直接用于机械处理之后。

（1）厌氧生物处理技术

1）水解酸化工艺

水解酸化是完全厌氧生物处理的一部分。水解酸化过程的结束点通常控制在厌氧过程第一阶段末或第二阶段的开始，因此，水解酸化是一种不彻底的有机物厌氧转化过程，其作用在于使结构复杂的不溶性或溶解性的高分子有机物经过水解和产酸，转化为简单的低分子有机物[45]。

经水解酸化工艺后的 COD_{Cr}去除率较低（30% ~40%），出水需进一步好氧处理。水解酸化工艺可大幅去除废水中悬浮物或有机物，有效减少后续好氧处理工艺的污泥量；可对进水负荷的变化起缓冲作用，为后续好氧处理创造更稳定的进水条件，提高废水的可生化性，从而提高好氧处理能力。该工艺具有停留时间短、占地面积小、运行成本低等特点，且其对废水中有机物的去除也可节省好氧段的需氧量，从而节省整体工艺的运行成本[11]。

2）上流式厌氧污泥床（UASB）

UASB 由污泥反应区、气液固三相分离器（含沉淀区）和气室 3 个部分组成。在底部反应区内含有大量的厌氧污泥，在底部形成污泥层，废水从厌氧污泥床底部流入，与污泥层中的污泥进行混合接触，污泥中的微生物分解废水中的有机物转化为沼气，沼气以微小气泡形式不断逸出，微小气泡在上升过程中不断合并，逐渐形成较大的气泡，在污泥床上部，由于沼气的搅动，浓度较稀薄的污泥和水一起上升，进入三相分离器，当沼气接触到分离器下部的反射板时，折向反射板的四周，然后穿过水层进入气室，集中在气室的沼气用导管导出，固液混合液经过反射，进入三相分离器的沉淀区，污水中的污泥在重力作用下絮凝沉降。沉淀至斜壁上的污泥，从斜壁滑向厌氧反应区内，使反应区内积累大量的污泥，与污泥分离后的出水，从沉淀区溢流堰上部溢出，排出污泥床[46]。

进水 COD_{Cr}负荷一般为 6～15 kg/（m^3·d），当为颗粒污泥时，允许上升流速为 0.25～0.30 m/h（日均流量）；当为絮状污泥时，允许上升流速为 0.75～1.0 m/h（日均流量）。

UASB 用于制革企业废水处理，后续还需进行好氧处理。采用 UASB 不但可以降低后续处理过程中的污染负荷，而且可以减少运行成本和污泥的产生量。此外，该技术可以作为一种资源化处理系统进行设计，并可回收废水中有用的资源，如沼气和各种化工原料，保持较低的运行成本。

（2）好氧生物处理技术

1）SBR 工艺[47]

SBR 法是序批式活性污泥法的简称，又名间歇曝气，该工艺具有均化、初沉、生物降解、中沉等多种功能，无污泥回流系统。工艺运行时，废水分批进入池中，在活性污泥的作用下进行降解和净化。SBR 工艺的整个运行过程分为进水期、反应期、沉降期、排水期和闲置期，各个运行阶段在时间上是按序进行的，整个运行流程称为一个运行周期。SBR 工艺集曝气反应和沉淀泥水分离于一体，在有机物的生物降解机制方面与普通活性污泥法相同；同时又具有自己独特的特点和优势，SBR 工艺在时间上属于推流式，流态上属于完全混合式，因此，该工艺结合了推流和完全混合的优点，有机质降解较为彻底，废水中 COD_{Cr}、BOD_5 和硫化物的去除率都很高。

当 SBR 进行高负荷运行时，间歇进水，BOD_5 污泥负荷为 0.1～0.4 kg/(kg·d)(BOD_5/MLSS)，需氧量为 0.5～1.5 kg/kg（O_2/ BOD_5），污泥产量大概为 1 kg/kg（MLSS/SS）。而当其进行低负荷运行时，其间歇进水或者连续进水，BOD_5 污泥负荷为 0.02～0.10 kg/（kg·d）（BOD_5/MLSS），污泥浓度为1500～5000 mg/L，需氧量为 1.5～2.5 kg/kg（O_2/ BOD_5），污泥产量为 0.75 kg/kg

(MLSS/SS) 左右。

SBR 工艺具有较好的脱氮效果。该工艺对制革综合污水处理效果，如表 3－2所示。

表 3－2　某制革企业 SBR 工艺处理废水水质调查

指标	pH 值	COD_{Cr}/(mg/L)	BOD_5/(mg/L)	SS/(mg/L)	色度	油脂/(mg/L)	氨氮/(mg/L)	S^{2-}/(mg/L)	总铬/(mg/L)
处理前	9.5	5800	1800	2400	380	190	340	12.5	9.8
处理后	7.6	230	110	80	38	3.6	72	0.35	0.12

SBR 工艺对 COD_{Cr}、SS 和氨氮的去除率分别可达 90%、95% 和 80% 以上。SBR 工艺非常适用于中小型制革企业的废水处理，具有工艺简单、经济、有机物去除速率高、静止沉淀效率高、耐冲击负荷、占地少、运行方式灵活和不易发生污泥膨胀等特点，是处理中、小水量废水，特别是间歇排放废水的理想工艺。但是，它也存在着处理周期长的缺点，当在进水流量较大时，其投资会相应增加。

2）氧化沟工艺

氧化沟工艺是活性污泥法的一种改型，其曝气池呈封闭的沟渠形，污水和活性污泥的混合液在其中进行不断地循环流动。

工艺流程简单，构筑物少，运行管理方便；可操作性强，易维护管理，设备可靠，维修工作量少；处理效果稳定、出水水质好，并可以实现一定程度的脱氮；基建投资省、运行费用低，能承受水量水质冲击负荷。

BOD_5 污泥负荷为 0.15～0.2kg/（kg·d）（BOD_5/MLSS），TN 负荷一般小于 0.05 kg/（kg·d）(TN/MLSS)，TP 负荷一般为 0.003～0.006 kg/（kg·d）（TP/MLSS)，污泥浓度一般为 2000～4000 mg/L，水力停留时间为 6～8 h [其中厌氧: 缺氧: 好氧 = 1:1:(3～4)]，而污泥回流比一般介于 25%～100%，污泥龄一般为 15～20 d。对于溶解氧浓度，好氧段为 2 mg /L 左右，缺氧段一般小于 0.5 mg/L，厌氧段一般不超过 0.2 mg /L。

该工艺对制革综合污水处理效果，如表 3－3 所示。

表3-3 某牛皮企业氧化沟工艺处理废水水质调查

指标	pH值	COD_{Cr}/(mg/L)	BOD_5/(mg/L)	SS/(mg/L)	色度	油脂/(mg/L)	氨氮/(mg/L)	S^{2-}/(mg/L)	总铬/(mg/L)
处理前	9	3700	1400	1800	100	205	330	12.5	3.5
处理后	7.5	190	63	30	50	1.6	91	0.15	0.1

氧化沟工艺 COD_{Cr} 去除率可达90%以上、硫化物去除率达95%以上、动植物油去除率达99%、色度去除率达85%。整个工艺的构筑物简单，运行管理方便，且处理效果稳定，出水水质好，并可以实现脱氮。氧化沟工艺是制革企业目前采用最广泛的废水生物处理方法。

3）生物膜法

①生物接触氧化法是生物膜法的一种。接触氧化池是生物膜法处理工段的核心部分，它的主要功能是利用池内好氧微生物，快速吸附污水中的污染物，然后微生物利用污染物作为营养物质，在新陈代谢过程中分解和去除污染物，从而达到净化污水的目的（表3-4）。

表3-4 某制革企业生物膜法工艺处理废水水质调查

指标	pH值	COD_{Cr}/(mg/L)	BOD_5/(mg/L)	SS/(mg/L)	色度	氨氮/(mg/L)	S^{2-}/(mg/L)	总铬/(mg/L)
处理前	10	2500	1600	500	450	280	30	10
处理后	7.5	246	72	110	76	80	0.8	0.7

应用混凝沉淀+接触氧化法对 COD_{Cr} 和硫化物的去除率可达89%和98%以上。该工艺具有抗冲击负荷能力强、管理操作方便、占地面积小，无须设污泥回流系统，也不存在污泥膨胀问题等特点，但整体去除效果不太理想，且耗电量较大，目前，该工艺在小水量制革废水处理中应用较多。

②膜生物反应器（MBR）[48-49]，是高效膜分离技术与活性污泥法相结合的新型污水处理技术。MBR内置中空纤维膜，利用膜的固液分离原理，取代常规的沉淀、过滤技术，能有效去除固体悬浮颗粒和有机颗粒，通过膜的截留使系统污泥浓度大大提高，从而加强了系统对难降解物质的去除效果。

经MBR处理后，制革废水中 COD_{Cr} 去除率大于95%、BOD_5 去除率大于98%、SS去除率大于98%、氨氮去除率大于98%、总氮去除率大于85%，其出水可满足排放标准，同时还能去除一些其他物质，如铬或残留杀菌剂。

MBR 与传统污水处理工艺相比，对废水的选择性降低，但可以使活性污泥具有很高的 MLSS 值（混合液悬浮固体浓度），延长其在反应器中的停留时间，提高氮的去除率和有机物的降解，同时减少了废水处理过程中的产泥量。该技术是一种成本相对较低的工艺，可用于皮革废水深度生物处理。

3.3.2.4 脱氮技术

（1）物理法

脱灰软化废水进行单独处理，制革废水的 pH 值偏碱性，可采用空气吹脱法。

脱灰软化废水 pH 值为 8～9，氨氮浓度高达 2000～3000 mg/L，通过调节使 pH 值至 10～11，采用空气吹脱，氨氮去除率可达到 70%～80%。

（2）A/O 工艺[50]

A/O 工艺法称为缺氧—好氧生物法，是将厌氧和好氧过程结合起来的一种废水处理方法。A 段为厌氧段，用于脱氮除磷；O 段为好氧段，相当于传统活性污泥法。硝化反应器内已进行充分反应的硝化液的一部分回流至反硝化反应器，而反硝化反应器的脱氮菌以原污水中的有机物为碳源，以回流液硝酸盐中的氧为受电体，将硝态氮还原为气态氮（N_2）。

该工艺运行时的有机负荷≤0.08 kg/（kg·d）（BOD_5/MLSS），内循环比 200% 左右，污泥回流比为 50%～100%。污泥浓度 3500～4000 mg/L，污泥龄≥25 d。

A/O 工艺常用于制革废水处理。具有流程简单，装置少，建设费用低，除了可去除废水中的有机污染物外，还可同时去除氨、氮和磷等特点。

在制革废水处理中 A/O 法的改进工艺有：分段进水 A/O 接触氧化技术，二级 A/O 工艺和 A^2/O 工艺等。

1）分段进水 A/O 接触氧化技术[51]

分段进水 A/O 接触氧化工艺的基本原理是部分进水与回流污泥进入第 1 段缺氧区，而其余进水则分别进入各段缺氧区，让废水在反应器中形成了一个浓度梯度，废水中 MLSS 的质量浓度梯度的变化随污泥停留时间 SRT 的增加而增大。与传统的推流式 A/O 生物脱氮工艺相比，分段进水 A/O 工艺的 SRT 要长，因此分段进水系统在不增加反应池出水 MLSS 质量浓度的情况下，反应器平均污泥浓度增加，终沉池的水力负荷与固体负荷没有变化。另外，由于采用分段进水，系统中每一段好氧区产生的硝化液直接进入下一段的反硝化区进行反硝化，这样就不需要硝化液内回流设施，且在反硝化区又可以利用废水中的有机物作为碳源，在不外加碳源的条件下，达到较高的反硝化效率。

活性污泥法生物处理后的二沉池出水直接进入多段进水 A/O 接触氧化工艺，经过处理后的废水、有机物和氨氮都能得到很好地去除，出水经过混凝沉淀后排放。

2）二级 A/O 工艺[52]

制革废水中的有机物和氨氮浓度较高，若仅采用一级生物脱氮工艺是不可能同时达到有机物降解和氨氮去除目的的，因此必须增加二级生物脱氮工艺，其中第一级的功能以去除有机物为主要功能，第二级以去除氨氮为主要目的。二级生物处理工艺中，如果在第一级中有机物去除程度高，则进入二级处理的废水 C/N 比值较低，硝化菌在活性微生物中所占比例也会相对较高，因此，氨氮氧化速率也较高。但由于进入第二级的废水有机物浓度相对较低，异养菌数量相应减少，会导致活性污泥絮凝性变差，从而给固液分离带来困难，因此，第二级生物处理宜采用生物膜法工艺。在膜法工艺中，由于削弱了异养菌对附着表面的竞争，从而有利于硝化菌的附着生长，提高了氨氮的去除效果（表 3 -5）。

表 3 -5　某制革企业二级 A/O 工艺处理废水水质调查

指标	pH 值	COD_{Cr}/(mg/L)	BOD_5/(mg/L)	SS/(mg/L)	色度	氨氮/(mg/L)	S^{2-}/(mg/L)	总铬/(mg/L)
处理前	9	4200	1400	2000	489	280	16	1.5
处理后	7	120	30	50	30	25	0.3	—

该技术主要是针对氨氮浓度高的制革废水而设计的，具有以下特点：处理效果稳定，去氮效率高，能承受水量水质冲击负荷，可操作性强。

3）A^2/O 工艺[53]

该工艺的主要特点是：A_1 段为完全厌氧或不完全厌氧（水解酸化），是一个由相当多样化的兼性和专性厌氧菌组成的生物系统，可将复杂有机物转化为简单有机物和低分子有机酸，并最终转化为甲烷，使有机物浓度降低，

A_1 段的作用是使废水的可生化性显著提高，其 COD_{Cr} 去除率随甲烷产生量的提高而提高，从而大幅降低进入后续 A/O 系统的有机物浓度；A_2 段采用活性污泥工艺，由于进水可生化性得到提高，有机物浓度低，较容易同时实现有机物降解和氨氮硝化反硝化过程。

（3）AB 工艺[54]

AB 工艺即吸附—生物降解法，是在传统两段活性污泥法和高负荷活性污泥法基础上开发出来的一种新型污水处理工艺，属超高负荷活性污泥法。AB 工艺流程分 A、B 两段处理系统。A 段由 A 段曝气池和中沉池构成，B 段由 B 段曝气池和终沉池构成。AB 段各自设置污泥回流系统。污水先进入满负荷的 A 段，然后再进入低负荷的 B 段，其中 A 段中去除大量有机污染物，起关键作用，B 段去除废水中低浓度污染物。

AB 工艺用于制革企业废水处理的设计参数一般为 A 段污泥负荷为 2 ~6 kg/(kg · d)(BOD_5/MLSS),污泥龄为 0. 3 ~0. 5 d,水力停留时间为 30 min,对有机物的去除率为 50% ~70%。B 段污泥负荷为 0. 15 ~ 0. 30 kg/(kg · d)(BOD_5/MLSS),停留时间为 2 ~3 h,污泥龄 15 ~20 d,对有机物的去除率为 30% ~40%。

A 段与 B 段采用不同的微生物群体,运行灵活。B 段可以采用不同的工艺组合,如 AB(BAF)、AB(A/O)、AB(A^2/O)、AB(氧化沟)、AB(SBR)等。同时具有一定的除磷脱氮功能,对氮磷去除率分别为 60% ~70% 和 35% ~40%。

（4）深度脱氮处理技术

对于已建废水生物处理工艺的制革企业，应增设第二级膜法生物脱氮系统，第一级活性污泥法 A/O 工艺的主要目的是去除 COD_{Cr}，同时部分去除氨氮，而第二级膜法 A/O 工艺以去除氨氮为主要目的。二级生物脱氮工艺主要有分段进水 A/O 接触氧化技术、曝气生物滤池和人工湿地等技术。

该技术适用于制革废水第一段生物处理，如氧化沟或 A/O 生物脱氮工艺之后的第二段氨氮深度去除处理。

1）曝气生物滤池[52]

曝气生物滤池主要是在生物反应器内装填高比表面积的颗粒填料，为微生物膜的生长提供载体，废水自下而上或自上而下流过滤层，滤池下设鼓风曝气系统，使空气与废水同向或逆向接触。废水流经曝气生物滤池时，通过生物膜的生物氧化降解、生物絮凝、物理过滤和生物膜与滤料的物理吸附作用，以及反应器内食物链的分级捕食作用等方式去除污染物，使污染物得以去除。通过生物膜中所发生的生物氧化和硝化作用，可有效去除污水中的有机物、氨氮和SS等污染物。

曝气生物滤池的过滤速度一般为2～8 m/h（反硝化时＞10 m/h），反冲洗空气速度为60～90 m/h。固体负荷能力4～7 kg/d，BOD_5有机负荷为2～6kg/d。COD_{Cr}有机负荷为4～12 kg/d，系统氧效率为30%～35%，产泥量为0.6～0.7 kg/（kg·d）。

该工艺具有简单、占地面积小、基建费用低等优点。

该工艺在制革废水深度处理中已开始应用，例如，河南某皮革工业园区采用的氧化沟工艺出水再经二级曝气生物滤池工艺处理，设计停留时间4 h，设计容积负荷为0.6 kg（NH_3-N）/m^3·d，出水COD_{Cr}和氨氮浓度基本达到了排放标准。如果需要实现生物脱氮，应在曝气生物滤池前增加缺氧段。

2）人工湿地—生态植物塘[55]

人工湿地是利用基质—微生物—植物—动物复合生态系统的物理、化学和生物的三重协调作用，通过过滤、吸附、共沉淀、离子交换、植物吸附和微生物分解等多种功能，实现对废水的高效净化，同时通过营养物质和水分的循环，促进绿色植物生长。大量微生物在人工湿地填料表面和植物根系生长而形成生物膜。废水流经湿地时，部分污染物被植物根系阻挡截留，有机污染物则通过生物膜的吸附、同化及异化作用而被去除。在湿地系统中由于植物根系对氧的传递释放，使其周围的环境中依次呈现出好氧、缺氧和厌氧的状态，保证了废水中的氨氮不仅能被植物和微生物作为营养成分而直接吸收，也可以通过硝化、反硝化作用将其从废水中去除。人工湿地对总氮、BOD_5和COD_{cr}的去除率分别可达到60%、85%和80%以上。该技术主要适用于生物处理效果好，出水氨氮在每升几十毫克左右的企业，例如，浙江某制革厂氧化沟工艺出水再经人工湿地处理系统处理，可进一步去除氨氮和COD_{Cr}。

利用人工湿地生态系统的协调作用，在氧化沟工艺的前提下，可以实现制革废水深度处理和水质稳定。但是，人工湿地技术的局限在于占地面积大，系统运行受气候影响较大，仅适合在南方地区应用，而且水生植物要注意选择能满足不同季节生长且耐盐的物种。

（5）其他生化辅助处理技术

固定化细胞技术：通过化学或物理手段，将筛选分离出的适宜于降解特定废水的高效菌种固定化，使其保持活性，以便反复利用。

高效脱氮菌种的生物强化技术：采用适合制革污水处理的脱氮功能微生物剂，在降解 COD_{Cr}后，增加一级脱氮处理工艺，用硝化菌和填料，停留时间为7～8 h，出水氨氮可达到35 mg/L。

生物酶技术：在曝气池投加生物酶以提高活性污泥的活性和污泥浓度，从而提高现有装置的处理能力。

粉状活性炭技术：利用粉状活性炭的吸附作用固定高效菌，形成大的絮体，延长有机物在处理系统的停留时间，强化处理效果。

以上几种方法运行成本低、工艺简单、操作方便，可作为生化处理技术的辅助措施，多用于制革废水现有生化处理工艺的改进。

3.3.2.5 深度处理物化技术

（1）高级氧化技术

1）臭氧氧化技术[56]

臭氧处理单元为催化氧化法，包括碱催化氧化、光催化氧化和多相催化氧化。碱催化氧化是通过 OH^- 催化，生成羟基自由基（·OH），再氧化分解有机物。光催化氧化是以紫外线为能源，以臭氧为氧化剂，利用臭氧在紫外线照射下生成的活泼次生氧化剂来氧化有机物，一般认为臭氧光解先生成 H_2O_2，H_2O_2 在紫外线的照射下又生成 ·OH。多相催化氧化利用金属催化剂促进 O_3 的分解，以产生活泼的 ·OH自由基强化其氧化作用，常用的催化剂有 CuO、Fe_2O_3、NiO、TiO_2、Mn 等。

臭氧氧化毒性低，处理过程无污泥产生，处理时间较短，所需空间小，操作简单，用于废水预氧化可提高后续处理（特别是好氧生物处理）的能力。此外，臭氧氧化还可有效降低废水色度。适用于皮革及毛皮加工企业排放废水生物处理前的预处理，以及二级处理后的深度处理。

2）芬顿氧化技术[57]

芬顿（Fenton）氧化是利用亚铁离子作为过氧化氢分解的催化剂，在反应过程中产生具有极强氧化能力的羟基自由基（·OH），羟基自由基（·OH）再进攻有机质分子，从而破坏有机质分子并使其矿化直至转化为 CO_2 等无机质。在酸性条件下，过氧化氢被二价铁离子催化分解从而产生反应活性很高的强氧化性物质——羟基自由基，引发和传播自由基链反应，强氧化性物质进攻有机物分子，加速有机物和还原性物质的氧化分解。当氧化作用完成后调节 pH 值，使整个溶液呈中性或微碱性，铁离子在中性或微碱性的溶液中形成铁盐絮状沉淀，可将溶液中剩余有机物和重金属吸附沉淀下来，因此，芬顿试剂实际是氧化和吸附混凝的共同作用。

该技术操作过程简单，仅需简单的药品添加及 pH 值控制，药剂易得，价格便宜，无须复杂设备且对环境友好，投资及运行成本较低，COD_{Cr} 去除率在 60%～90%，适用于皮革及毛皮加工企业排放中段废水的预处理，以及二级处理后的深度处理。

（2）膜处理技术

1）微滤技术

微孔过滤是一种比传统过滤方式更有效的过滤技术。微滤膜具有比较整齐、均匀的多孔结构。微滤的基本原理属于筛网状过滤，在静压差作用下，小于微滤膜孔径的物质通过微滤膜，而大于微滤膜孔径的物质则被截留到微滤膜上，使尺寸不同的组分得以分离。微滤膜孔径一般小于等于 0.2 μm。二级出水中应投加少量抑菌剂，并设置微滤系统的膜完整性自动测试装置，以保证处理出水的水质。当过膜压力升高到一定程度时，需要对微滤膜进行化学清洗。

该技术能耗低、效率高、工艺简单、操作方便、投资小，适用于皮革及毛皮加工企业二级处理后废水的深度处理。

2）超滤技术

超滤是以超滤膜为过滤介质。在一定的压力下，当水流过膜表面时，只允许水、无机盐及小分子物质透过膜，而阻止水中的悬浮物、胶体、蛋白质和微生物等大分子物质通过。超滤介于微滤和纳滤之间，它的定义域为截留相对分子质量为 500～500 000，相应孔径大小的近似值为 0.002～0.100 μm。

该技术具有设备体积小、结构简单、投资费用低、工艺流程简单、易于操作管理等特点。适用于皮革及毛皮加工企业浸水、脱毛、脱灰、脱脂、鞣制、染色等各工序废水及综合废水回用或排放前的深度处理。

3）反渗透技术

在高压情况下，借助反渗透膜的选择截留作用来除去水中的无机离子，由于反渗透，只允许水分子通过，而不允许钾、钠、钙、锌、病毒、细菌通过。该技术能耗少、设备紧凑、占地少、操作简单、适用性强，易于实现自动化，除盐率可达 98% 以上。适用于皮革及毛皮加工企业处理后废水排放或回用前的除盐处理。

（3）膜消毒回用技术

处理后的制革废水回用前，需进行消毒，杀灭对人体有害的微生物和细菌。主要有化学消毒法和物理消毒法两大类。化学消毒法是通过向水中投加化学消毒剂来实现消毒的方法。其中氯化法设备简单，价格便宜，因而应用较多。物理消毒法是应用热、光波、电子流等来实现消毒作用的方法。但由于费用高、水质干扰因素多、技术不成熟等，应用不多，仅有紫外线消毒法在一些小水量处理厂得到应用。

3.4 典型污染物控制技术水专项示范工程

3.4.1 示范工程实例：石家庄市辛集制革工业区制革废水全过程控制技术体系综合示范工程

依托课题：海河南系子牙河流域（河北段）水污染控制与水质改善集成技术与综合示范（2012ZX07203-003）。

承担单位：河北省环境科学研究院。

本书以下内容主要摘自该课题的验收技术报告。

简介：针对邵村排干污染严重与辛集皮革产业集聚区皮革废水铬毒性大、高含盐、高氨氮等问题，开展制革行业废水全过程控制与管理清洁生产及水循环利用技术、制革废水深度处理达标技术、制革工业园综合废水“工厂—调节预处理—综合污水厂—深度处理厂”稳定达标与节能降耗技术，形成制革产业集聚区水体污染负荷削减与水质改善技术体系。本次示范工程规模：辛集市污水处理（PPP）第三方治理项目（10万t/天）；辛集市海洋皮革有限公司升级改造提升工程（4000 t/天）。

示范关键技术：①基于“高盐废水生化处理的嗜盐过渡区”机制及“制革废水COD、氨氮来源与皮毛、肉等或相关降解产物”特性，研发了“预处理控毒—厌氧降成本—COD分配后置反硝化—残留难降解COD深度处理”的COD、氨氮、总氮综合生化处理低成本稳定达标制革废水处理技术。②研发了“源头、过程、末端”三段制革废水全过程“电絮凝+电渗析+MVR”低成本水循环控氯离子技术，包括“源头”裘皮近饱和盐水冲洗—循环—结晶洗盐脱盐技术，脱盐率可提高 30% ~60%，比转笼除盐高数倍；“过程”含盐 5% ~7% 的浸水段水通过“电絮凝 + 电渗析 + MVR”工艺循环利用并近零排放脱氯；“末端”为保证氯离子小于 1000 mg/L 的排放标准，增加脱盐设备，浓水进“电絮凝 + 电渗析 + MVR”工艺。③针对制革废水具有高石灰、高铁、高大分子有机物的水质特征，研发了“聚铁沉聚 + 厌氧消解 + 不加药加板框”的制革废水污泥处理技术，污泥减量 40% 左右，不加药低成本污泥干化含水率降至 60% 以下。

示范效果：在海洋集团有限公司开展综合废水、含硫废水、含铬废水、染色废水分区及水处理循环回用技术研究，“转笼、浸水、鞣制”三高盐工段“除污、分盐、循环”氯离子全过程控制技术研究，各工段节水、节料分别达到 45%、50%、70% 以上，可实现氯离子的有效控制。自 2016 年 6 月至今，在“辛集市污水处理（PPP）第三方治理项目—工程总承包业务（EPC）”“河北海洋集团有限公司升级改造提升”等工程中应用示范，为 2017 年以来海洋集团制革厂综合水区、含硫水区、含铬水区、染色水区节水节料分别达到 45%、50%、70%、30% 以上，海洋制革污水处理中心出水稳定在 COD 50 mg/L 以下、氨氮 5.0 mg/L 以下。2018 年 3 月以来辛集市污水处理（PPP）第三方治理项目—工程总承包业务（EPC）出水水质稳定在 COD 20 ~35 mg/L、氨氮 1.0 mg/L 以下提供了科技支撑。大李桥断面 COD 降至 40 mg/L 以内，其他指标也全面达标，实现了邵村排干水环境质量明显改善，水清岸绿，生态恢复。

3.4.2 示范工程实例：河南博奥皮业有限公司 2500 m^3/d 高氨氮皮革废水提标治理与回用示范工程

依托课题：沙颍河上中游重污染行业污染治理关键技术研究与示范（2009ZX07210002）。

承担单位：郑州大学。

本书以下内容主要摘自该课题的验收技术报告。

简介：河南博奥皮业有限公司成立于 1989 年 10 月，被周口市委、市政府评为“重大突出贡献企业”和“中国制革工业龙头企业”。皮革加工是沙颍河上中游流域的支柱产业，也是氨氮排放大户，我们看到皮革业在流域中星罗棋布，仅周口市全市就有皮革企业24家。沙颍河是沙河、颍河、贾鲁河的交汇处，下游不远即为省界纸店国控断面，因此，选取该公司产生的皮革废水作为脱氮试点，从地理位置和水质特点来说，都有明显的示范意义。

示范工程工艺：首先原废水经过引水管网，自流进入预处理单元。预处理包括曝气调节池和初沉池。曝气调节池的功能主要是调节水质水量，稳定水中pH值，并防止废水腐化产生臭气，废水流入初沉池后进行泥水分离，将废水中可沉降的SS尽可能地去除。出水进入一级生化反应池，先进行水解酸化，后进行好氧，同时在生化池中投加多功能高效絮凝剂，絮凝剂一方面可悬浮微生物提供载体；另一方面也可以控制S^{2-}和NH_4^+-N在一定浓度范围内，为后续的厌氧生化处理创造条件。废水经过一级好氧生化处理后进入上流式水解系统，经过上流式水解系统中的污泥层过滤，能够截留SS，同时降低COD，并使含苯环的色素得到破解，以提高其可生化性并降低色度。厌氧系统出水进入A/O复配反应池。针对制革废水经过厌氧处理后出水有机质高的特点，先采用O池，削减有机质含量并进一步降低硫化物的毒害作用，为自养硝化菌创造有利的生态环境，后续AO或多个AO串联池串联使废水处于厌氧和好氧的交替状态，并根据进水水质特点调整不同区位进水流量分配，为生物脱氮创造有利条件，为了使高氨氮废水顺利硝化，添加特制硝化细菌，将氨氮浓度控制在设定范围内。

示范关键技术：①无机絮凝和生物絮凝的耦合：无机絮凝和微生物相结合，无机絮凝剂结构稳定，可以作为生物聚胶团的载体，而且无机絮凝中引入Fe^{3+}、Mg^{2+}等离子，形成了很多功能基团，对废水中S^{2-}、铵根离子、Cr^{6+}都有吸附去除作用，因此，扩大了吸附范围。同时微生物能加大COD和氨氮去除效果，减少无机絮凝的药量，使污泥减量化，降低运行成本。②低能耗厌氧生化处理技术：由于皮革废水的特殊性，对于厌氧应采用低浓度厌氧回流均匀布水技术，通过内循环回流，降低毒性，加大反应器对有毒物质的耐受性，提高厌氧反应器中厌氧污泥湍流度和反应效率，加速厌氧优势菌种颗粒化形成，建成有效的厌氧反应系统，用厌氧处理对降低能耗、增加后续可生化性、提高出水品质都有较大的意义。③外加硝化菌种的AO串联脱氨处理技术：本设计先采用O池，削减有毒硫化物含量，为自养硝化菌创造有利的生态环境，后续采用多个AO串联池串联使废水处于厌氧和好氧的交替状态，并根据进水水质特点调整不同区位进水量和污泥的回流量分配，为生物脱氮创造有利条件。同时选用特定的筛选、扩大培养方式使筛选的硝化菌种能适应高盐废水的生境，向废水处理系统定期投加硝化菌，确保接种硝化菌在废水生物菌群的优势地位，保证了系统对氨氮的稳定去除。

示范效果：示范工程在课题组郑州大学的共同努力下，以及在河南博奥皮业有限公司的大力支持下，顺利地按照预定设计工艺流程和设计参数完成，并通过 3 个月的艰苦调试工作，各出水指标已经达到或超过预期的水质指标。在工程调试中由于使用生物絮凝技术和特制高效硝化细菌投加，使运行费用从原来的 6 ~ 8 元/t（处理达到二级标准）降低到 2.6 ~ 2.9 元/t（处理达到一级标准），具有明显的环境效益和经济效益，得到了河南博奥皮业有限公司的高度认可。同时相关市环保部门对废水处理进行了一个月的跟踪测试，COD 和氨氮平均含量分别为 70 mg/L 和 8 mg/L。示范工程的成功，为周围皮革业的废水处理提供了可参考的依据，为下一步技术推广奠定了基础。

3.4.3 示范工程实例：鑫皖制革污染减排示范工程

依托课题：沙颍河下游重污染行业污染治理关键技术研究与示范（2009ZX07210003）。

承担单位：安徽省环境科学研究院。

本书以下内容主要摘自该课题的验收技术报告。

简介：鑫皖制革有限公司原有一套 1500 m^3/d 的制革综合废水末端处理系统，采用混凝气浮与接触氧化组合工艺。原有各生产工序产生的废水没有实现彻底分质分流，综合废水有毒害污染物浓度高，成分复杂，出水氨氮难以长期稳定达标。综合废水处理系统改造总体思路为：依托清洁生产改造，实现化工原料循环使用，污水分质预处理后再排入综合废水收集系统，大幅削减有毒害污染物负荷；保留原处理系统混凝气浮处理单元，去除大部分剩余的 S^{2-}、胶体物质及悬浮物；由于原处理系统不考虑氨氮降解，经核算生化处理单元池容不足以对氨氮有效降解，因此，对好氧生化处理单元进行扩容改造，并将接触氧化工艺改造为推流式活性污泥工艺；将闲置流化床处理设备改造成缺氧腐殖填料滤池处理单元并置于好氧生化单元之前，利用泥炭对难降解有机物及氨氮的吸附作用，提高二者的去除效率。

示范关键技术：第 1 段为水解酸化段，通过 pH 值、污泥龄等工艺参数的控制，促进硫酸盐还原菌SRB的增殖，实现SO_4^{2-}的还原和COD的去除，并通过风机的内循环作用将还原生成及原有的S^{2-}及时吹脱入液碱吸收塔与NaOH反应，有效避免了S^{2-}蓄积对微生物构成毒害的问题，同时反应生成的Na_2S可回用于制革生产的浸灰脱毛工序。S^{2-}的吹脱吸收也避免了采用混凝沉淀法处理S^{2-}时产生的大量污泥。此外，在水解酸化条件下，制革污水中的氨氮和Cr也得到了一定量的去除。污水中含有一定浓度的重金属Cr^{3+}，Cr^{3+}可以与SO_4^{2-}，还原生成的S^{2-}反应形成难溶于水的硫化铬沉淀$Cr^{3+}+S^{2-}\rightarrow Cr_2S_3$，再利用活性污泥的絮凝作用使硫化铬得以快速沉降，从而降低污水中Cr^{3+}离子的浓度。第2段厌氧工序为射流循环厌氧生物滤池工艺，通过对厌氧滤池内产甲烷菌的培养，进一步去除制革污水中的COD_{Cr}和SO_4^{2-}，提高污水可生化性。此外，根据射流泵原理研发的水力射流装置可实现无烟煤填料的循环、老化生物膜剥落重力分选排泥、大比例回流及借助无烟煤循环防止滤池堵塞。通过两段厌氧体系的综合作用，降低了制革污水中的SO_4^{2-}、S^{2-}和COD，提高了污水的可生化性，并可实现Na_2S的回收利用。生物脱氮及泥炭腐殖填料吸附深度处理的关键技术：采用了缺氧腐殖填料滤池UHF与好氧生化SBR工艺的协同作用。该技术作用的目的在于对厌氧出水中COD_{Cr}和NH_3的高效去除。UHF工艺单元和SBR工艺单元组合，既是缺氧段与好氧段的组合，又是生物膜工艺与活性污泥工艺的组合。这种工艺组合能发挥各自处工艺单元的优点，不仅能利用生物膜法生物量大、附着生长微生物抗冲击负荷能力强的特点，还能利用好氧活性污泥微生物活性高、污泥龄控制比较灵活、处理效果好的特点；UHF罐内布置有泥炭填料，泥炭价格低廉，来源广泛，并具有优良的氨氮吸附性能，同时UHF罐内的缺氧环境有利于反硝化菌的增长，可以还原从SBR系统回流至UHF罐中的硝酸盐。新型缺氧腐殖填料采用上向流，好氧出水与厌氧出水按比例混合后小阻力配水，利用压缩空气实现过滤阻力相对均衡，同时由气动隔膜泵投加新鲜泥炭浆填料，排出部分老化填料进入好氧SBR单元，利用泥炭填料与活性污泥的絮凝作用及剩余污泥的排放过程，将吸附难降解物质的泥炭填料与剩余污泥一起排放，并通过投加泥炭量的调控实现生物脱氮过程及难降解物质去除的强化。生物脱氮与泥炭吸附协同技术实现了对前两段厌氧工艺出水中COD_{Cr}和NH_3的高效去除，有效解决了常规制革污水处理工艺最终出水COD_{Cr}和NH_3难达标的问题。

示范效果：经过示范工程改造后，缺氧滤池段对COD、氨氮的去除率稳定在50%以上，最终出水COD维持在60 mg/L以下，NH_3在10 mg/L以下，总去除率稳定在90%以上，同时对色度具有显著的去除效果。具体表现在：①缺氧腐殖填料床—脱氮效果提高，缺氧滤池段对COD、氨氮的去除率稳定在50%以上，总氮的去除率达到50%，而原有工程没有总氮的去除工艺。②生化单元扩容改造—出水水质改善，稳定达标扩容和改造后好氧池对COD、氨氮去除率稳定在65%以上；最终出水COD维持在60 mg/L以下，氨氮在10 mg/L以下。总体去除率稳定在90%以上，同时具有显著的脱色效果。③工程改造运行成本分析。以二沉池出水按200 mg/L计算，泥炭投加量为1000 mg/L;按照泥炭价格500元/t计算，污水处理成本因泥炭投加增加费用为0.5元/t水，总体经济性上所受影响不大。

4 皮革行业水污染控制技术展望

4.1 行业未来水污染控制技术发展趋势

4.1.1 环境污染防治新技术

4.1.1.1 源头防治技术

①减少盐污染的原料皮保藏技术。传统原料皮保藏方法需要使用皮重25% ~30%的食盐，这些食盐在制革生产过程中将进入废水，不仅是难治理的污染成分，也影响废水处理效率和中水回用。近年来，采用硅酸盐作为原料皮防腐剂正在欧洲国家推广应用。应用结果表明，这种防腐技术不会影响皮革产品的质量，其对环境污染程度也很低。

②采用鲜皮制革。这是另一种解决食盐污染问题的有效方法，其关键不是技术问题，而是产业链的协调、管理和法规问题，它要求将制革企业建在屠宰企业的附近，或在屠宰厂附近建立初加工厂，将原皮加工成酸皮或蓝皮后销售到制革厂，由制革厂根据市场需要进行后加工。这种模式实际上一直或多或少的存在（包括酸皮和蓝皮的进出口），能否广泛推行的关键是有无政策法规上的要求。

③无硫化物和石灰的脱毛浸碱技术。该技术由我国科技人员开发成功，是目前比较好的能够较全面地减少制革准备工段污染的组合技术。该技术包括脱毛、碱膨胀等工序的变革，采用蛋白多糖酶、蛋白酶、硅酸盐、NaOH、脱毛助剂等构成的生物—化学复合脱毛系统，在转鼓中完成保毛脱毛，并完成裸皮的膨胀和分散纤维。

该技术的优点是从源头消除了硫化物和石灰的污染，而且由于可以完全不使用石灰，省去了传统工艺中产生氨氮的脱灰工序，综合废水中氨氮含量大幅降低，准备工段水用量也减少30%左右，制革污泥减少80%左右。目前，与该技术配套的所有化工和生化助剂已在我国实现工业生产，该技术已在我国几个大中型制革企业中推广应用，并有多家企业正在积极开展工业试验。

4.1.1.2 无铬鞣制技术

无铬鞣制技术可以从根本上消除制革生产的铬污染，而且其产品也越来越受到国内外市场的青睐。发达国家近年来开发的无铬皮革鞣制技术主要有两类：一是基于植物鞣剂与有机交联剂的结合鞣制技术（Ts = 90 ~ 100 ℃），主要用于生产高档汽车座套革；二是以多羟基鏻盐为主要鞣剂的鞣制技术（Ts = 85 ~ 90 ℃），主要用于生产高档服装、手套革。同时也开发了与这些无铬鞣制技术相配套的后整理化工材料。

近年来，我国科技工作者也开发了一系列具有自主知识产权的无铬鞣制技术，其中最有应用前景的技术有两类。

第1类是基于植物鞣剂与有机交联剂的结合鞣法，同时开发了与该无铬鞣制技术配套的系列关键化工材料及应用技术（包括克服松面和调整色泽的复鞣技术，防止后整理过程脱鞣并赋予皮革防霉、阻燃性能的复鞣技术等），从而使这类无铬鞣制技术具有广泛适用性。目前我国已经有猪、牛、羊皮制革企业完成了这类技术的工业性试验，并已实际应用。

第2类是非铬金属鞣制技术，是一种采用Al、Zr、Ti等多种金属离子的无机结合鞣制技术。与国内外已有同类鞣制技术不同的是，该技术开发了与非铬金属离子有适度配位能力的有机配体，使Al、Zr等金属离子的沉淀/结合点pH值≥4.5，从而使鞣制后的皮革在物性和表面细致度方面与铬鞣革很接近。该技术的突出优点是不必对鞣前处理和后整理技术做调整，因而企业很容易接受。目前，中试已经证明该技术切实可行，配套鞣剂已经完成工业生产试验。

4.1.1.3 末端治理技术

（1）电化学氧化技术处理制革综合废水[58]

电化学氧化法是一种清洁高效的废水处理技术，对有机物浓度高、成分复杂、含生物毒害物质的难以生物降解的废水具有独特的处理优势。运用电化学氧化法既能氧化分解废水中有机物，同时还可以脱去废水的色度、氧化废水中的阴离子、还原废水中的金属离子。电化学氧化法处理废水，是利用具有催化活性的电极，在电流的作用下，使废水中的污染物在电极表面或是溶液中发生氧化还原反应，将污染物分解转化为易于生物降解的小分子有机物，或将污染物彻底分解为 CO_2 和水，在特定的条件下，还可以产生电渗析、电气浮和电絮凝效果，达到有效去除污染物的目的。利用电化学氧化法处理制革废水的研究正在开展中，届时将为制革废水的处理提供一项经济高效的新型处理方法。

（2）水解多级好氧耦合工艺（A/O^n）处理制革废水[59]

在水解酸化池的软性填料上，可以培养出活性高、沉降性能良好的高浓度厌氧污泥，该厌氧污泥中含有大量的厌氧微生物。当高浓度有机废水进入水解酸化池时，将与厌氧污泥进行充分接触，其中，大颗粒难溶的有机物将被转化成小分子易生物降解的有机物，染料等大分子物质被分解为低分子无色有机物，提高了废水的可生化性，为后续的处理工艺提供了良好的反应基质及进水条件。多级好氧（A/O^n）工艺是以厌氧水解技术作为工业废水的前处理，因此多级好氧耦合是一种改进的活性污泥法。该工艺将前段缺氧段和后段好氧段串联在一起，形成厌氧—好氧—好氧—好氧 4 个阶段，厌氧段溶解氧含量不大于 0. 5 mg/L，多级好氧段溶解氧含量在 1 ~ 5 mg/L。在缺氧段，异养菌的氨化作用将蛋白质、脂肪等污染物进行氨化（氨基酸中的氨基或有机链上的氮）游离出氨（NH_4^+、NH_3）。在供氧充足条件下，自养菌的硝化作用会将氨态氮（NH_4^+、NH_3）氧化为硝态氮（NO^{3-}），通过回流控制可返回至水解池，在缺氧的条件下，异氧菌的反硝化作用将硝态氮（NO^{3-}）还原为分子态氮（N_2），从而完成 C、N、O 在生态中的循环，实现废水的无害化处理。

该法生物降解能力比较好，COD_{Cr}的去除率可稳定在 78% 以上，氨氮的去除率可稳定在 70% 以上，总氮的去除率可稳定在 60% 以上。

（3）生物絮凝及磁絮凝技术处理含铬废水[60]

低浓度含铬废水由于铬浓度低、成分复杂，处理难度大且成本高，处理后产出的铬量少，故这部分含铬废水一般不具有资源化利用价值，但若直接排放仍超出国家排放标准，对于这类废水，可采用生物絮凝剂处理，使低铬浓度废水中的铬能够达到废水铬浓度的排放标准，减少含铬污泥的产生量。生物絮凝剂是一类由微生物在进行新陈代谢时产生的特殊高分子物质，该类物质可吸附或絮凝液体中不易降解的固体悬浮颗粒、重金属、有机物等污染物。

高浓度的含铬废水中铬含量高、杂质少，可采用加碱后利用磁絮凝的方法加速氢氧化铬胶体的沉降，之后再分离磁粉，利用酸法溶解氢氧化铬胶体后将其制成铬粉，实现高铬浓度废液中铬的资源化利用。磁絮凝是通过吸附、架桥、絮凝的作用将水中的微小悬浮物或不溶性污染物与粒径极小的磁性颗粒等不易沉降的物质通过吸附、架桥、絮凝等作用结合起来，使其有效絮凝，通过絮凝来增加絮体的体积和密度。从而加快絮体的沉降速率，经过磁分离系统达到回收铬粉的目的。

（4）电渗析和反渗透耦合深度处理高盐废水[61]

制革工业中经常采用盐腌法对生皮进行防腐处理，在浸酸过程中也会使用大量中性盐来控制生皮的膨胀。因此，制革过程会产生大量的高浓度含盐废水。对于废水中中性盐的处理，行业目前主要采用超滤、热法浓缩技术、稀释排放等方法，但这些方法往往存在耗能高、占地面积大、投资高等问题。电渗析（ED）和反渗透（RO）耦合在能耗、占地和投资等方面具有明显优势。电渗析过程是电化学过程和渗析扩散过程的结合；在外加直流电场的驱动下，利用离子交换膜的选择透过性，阴、阳离子分别向阳极和阴极移动。离子迁移过程中，若离子交换膜的固定电荷与离子的电荷相反，则离子可以通过；如果它们的电荷相同，则离子被排斥，从而实现溶液淡化、浓缩、精制或纯化等目的。反渗透是以压力差为推动力，将溶剂从溶液中分离出的一种膜分离操作。在高压情况下，借助反渗透膜的选择截留作用来除去水中的无机离子，由于反渗透，只允许水分子通过，而不允许钾、钠、钙、锌、病毒、细菌通过。该技术能耗少，设备紧凑，占地少，操作简单，适用性强，易于实现自动化，除盐率可达98%以上。适用于皮革及毛皮加工企业处理后废水排放或回用前的除盐处理。

（5）海绵铁处理皮革废水[62]

海绵铁是一种结构疏松多孔、外观呈灰黑色、比表面积大、比表面能高，和活性炭有相似之处的金属吸附剂，能对水体中的污染物颗粒产生吸附作用，降低废水污染物浓度，是由铁和碳及其他杂质（Mn、Cr、Ni、CaO、MgO 等）组成的合金，其中金属铁含量大于90%。

海绵铁处理废水主要有电化学作用、还原作用、混凝作用和吸附作用。海绵铁中除了纯 Fe 和 Fe_3C 外还含有其他杂质，Fe_3C 和其他杂质以极小颗粒的形式分散在海绵铁内，它们的电极电位比铁高，在电解质溶液中可以形成无数个腐蚀微电池，铁作为阳极被腐蚀消耗。在中性或偏酸性的环境中，电极反应产生的新生态［H］和 Fe^{2+}，能与废水中的多种组分发生氧化还原反应，如破坏染料的发色或助色基团使其脱色；还原重金属离子，降低其毒性或使其沉降等方法去除污染物；铁是活泼金属，具有较强的还原性，电极电位 E^0（Fe^{2+}/Fe）$= -0.44$，生成的 Fe^{2+} 也具有较强的还原性，在酸性条件下，可以与强氧化剂发生反应，从而达到去除部分污染物的目的，如去除 Cr^{6+}；海绵铁反应过程中生成的 Fe^{2+} 和 Fe^{3+} 是良好的絮凝剂，适宜的 pH 值条件下会形成 $Fe(OH)_2$ 和 $Fe(OH)_3$ 絮状沉淀，通过沉淀作用使不溶性污染物得以去除。

（6）臭氧—移动床生物膜组合工艺深度处理制革废水[63]

臭氧氧化技术主要指其在碱性条件下发生间接氧化调节废水生化性和削减出水还原性污染物。臭氧处理单元为催化氧化法，包括碱催化氧化、光催化氧化和多相催化氧化。碱催化氧化通过 OH^- 催化，生成羟基自由基（·OH），再氧化分解有机物。光催化氧化是以紫外线为能源，以臭氧为氧化剂，利用臭氧在紫外线照射下生成的活泼次生氧化剂来氧化有机物，一般认为臭氧光解先生成 H_2O_2，H_2O_2 在紫外线的照射下又生成·OH。多相催化氧化是利用金属催化剂促进 O_3 的分解，以产生活泼的·OH自由基强化其氧化作用，常用的催化剂有 CuO、Fe_2O_3、NiO、TiO_2、MnO_2 等。移动床生物膜（MBBR）是生物膜附着在载体层表面在废水中形成流化状态的生物接触氧化法。生物接触氧化法是一种介于活性污泥法与生物滤池之间的生物膜法工艺，其特点是氧化在池内设置填料，池底曝气对污水进行充氧，并使池体内污水处于流动状态，以保证污水与填料充分接触，避免了生物接触氧化池中存在的污水与填料接触不均的缺陷。其废水净化的基本原理与一般生物膜法相同，以生物膜吸附废水中的有机物，在有氧的条件下，微生物氧化分解有机物，从而使废水得到净化。

（7）IC 反应器处理毛皮废水[64]

内循环厌氧反应器（IC 反应器）是由荷南 PAQUES 公司在上流式厌氧污泥床（UASB）的基础上开发的，更适用于高浓度废水处理，因为其独特的结构可在反应器内部形成液体内循环，加强了有机物与颗粒污泥的传质，大大提高了废水的处理效率。目前 IC 反应器广泛应用于造纸、淀粉、酒精行业等领域的废水研究和应用。目前厌氧工艺在制革及毛皮加工废水处理中的应用仅限于水解酸化，随着实际水处理工程中对高效性和经济性技术的需求，在现有工艺中引入厌氧技术已成为工业界的迫切需要。毛皮加工废水中厌氧产挥发性脂肪酸（VFA）含量较高，但由于缺少脱毛环节，废水中硫化物浓度极低，比制革废水更适宜厌氧技术的应用。常敏、马宏瑞等通过实验室研究及中试实验证明了IC反应器处理毛皮加工废水与现行水解酸化或好氧处理效率相比均有显著提高，同时由于IC反应器便于操作，节省了大量人力资源，能耗降低且有一定的经济效益，在毛皮加工废水领域具有良好的工程适应性，值得推广。

4.1.2　环境污染防治新技术的成本分析

①从末端治理角度看，要使传统制革过程产生的废水达标排放，其处理费用大约是产值的2%。如果采用先进的厌氧—好氧处理技术，处理成本将提高50%，即处理费用会达到产值的3%。因此，采用先进的处理技术时，应该利用其处理后的废水更清洁的特点，尽量实施中水回用方案，以降低综合费用。此外，如果采用废水集中治理的方式，处理成本将会进一步降低。

②对于无硫化物和石灰的脱毛浸碱技术，应用企业已经对成本做过评估。生产过程化工材料的费用提高3%左右，但工艺缩短、能耗降低、水用量减少、节约的费用与材料成本的提高刚好抵消。而采用这一技术后，废水中不含硫化物和石灰，氨氮含量显著降低，废水治理费用降低，污泥处理量减少，因此，该技术在降低污染的同时，也会降低综合成本。

目前，各种无铬鞣制技术的生产成本都高于传统的铬鞣技术，与此同时，无铬皮革的后整理工序成本也相对较高。因此，采用无铬鞣制技术生产皮革时，成本一般会提高15%左右。但是，无铬皮革的销售价一般比铬鞣革高30%以上，因此，生产高质量的无铬皮革企业的经济效益会提高。值得说明的是，由于企业技术水平、传统习惯、市场需求、消费水平等原因，未来10年内，我国能够采用无铬鞣制技术的制革企业可能不会超过30%。另一个主要问题是，局限于国内外无铬鞣技术的发展现状（现有无铬鞣革的综合性能还不及铬鞣革，无铬鞣材料价格较高），采用无铬鞣进行工业生产的制革企业还较少。制革企业也存在一些忧虑，担心自己率先采用环保的无铬鞣技术后，由于生产成本提高、产品性能略有下降等原因，而无法与主要依靠低成本要素获得竞争优势的许多国内同行竞争，从而失去原有的一些市场。

特别值得指出的是，降低污染防治技术成本最有效的措施是采用合理的污染防治集成技术，即制革企业根据自身产品的结构特点，在清洁生产审计的基础上，有针对性地选择一系列相互匹配的防治技术，通过绿色产业链设计，形成综合成本较低的全过程清洁生产技术。例如，可以将无硫化物和石灰的脱毛浸碱技术、先进的废水处理技术、中水回用技术、废弃皮胶原利用技术集成应用。无硫化物和石灰的脱毛浸碱技术使废水中的污染负荷显著降低，为提高废水处理效率、降低处理成本提供条件，而废水的有效处理又为实现中水回用创造了条件，同时不含硫化物和石灰的皮屑也可以实现更有价值的转化利用。因此，采用污染防治集成技术，在使污染得到更好治理的同时，还能降低综合成本。

4.1.3　园区鼓励采用的清洁生产技术

只有采用源头污染控制和末端治理并重的方式才能将制革污染治理得较为彻底。因此，制革园区内的企业应采用成熟的清洁技术，从源头上控制污染。需要重点鼓励采用的技术包括以下几个方面[65]。

（1）采用无氨或少氨脱灰、软化工艺

园区内的企业应强制推广无氨或少氨脱灰、软化工艺，减少铵盐用量，从而减少氨氮的排放量。已有的废水处理技术较难使出水氨氮含量稳定达标，而环保部门对这项指标的监控越来越严格。根据调研和研究发现，传统制革过程产生氨氮最多的工序是脱灰和软化工序，它们是制革废水氨氮污染的首要来源，产生的氨氮占整个准备工段氨氮污染的80%以上，其主要原因是加入了大量铵盐。因此，在末端治理废水中氨氮的基础上，要求企业采用无氨脱灰、软化技术，就可以保证排放废水中的氨氮含量达标。

（2）采用能减少或消除铬排放的清洁生产技术

和氨氮污染一样，现有的废水处理技术尚不能使排放废水中的铬含量稳定达标。因此，企业在制革生产过程中减少或消除铬污染显得尤为重要。园区内的企业须采用铬鞣废液分流和循环利用装置，实现铬鞣废液全部分流与回收循环利用；或以其他无铬鞣剂取代或部分取代铬鞣剂，实现无铬鞣或少铬鞣。

（3）采用能减少COD和污泥的清洁生产技术

制革过程产生的COD大约65%源于毁毛脱毛工艺。该工艺也是产生大量制革污泥的主要原因。制革污泥不仅脱水难度较大，而且脱水后的处置也使许多企业感到头痛。相当一部分制革厂将污泥单独或与城市垃圾混合运往城市垃圾厂，统一填埋。有的制革厂则在厂外深埋，一个深埋坑可用 5 ~ 10 年。填埋不仅是一种花费较大的方法，而且这种处置方法可能最终还会带来二次环境污染。事实上，解决制革污泥问题最有效的途径是从源头上减少污泥的产生。因此，园区企业一方面应建设浸灰废水循环利用设施，实现废液循环利用，减少污泥的排放量；另一方面应采用低硫少灰保毛脱毛工艺，脱毛时硫化钠用量不超过裸皮质量的 2%，浸灰、复灰的石灰总用量不超过裸皮质量的 5%。

（4）采用节水技术

我国水资源短缺问题突出，工业用水费用不断提高，一些地区的费用已经超过 10 元/t。传统制革工艺耗水量大（70 ~ 80 m^3/t 原料皮），使得生产成本越来越高。同时，耗水量大也会提高污水的治理成本。针对制革过程耗水量大的问题，园区内的制革企业应加强用水管理；应采用浸灰、铬鞣等废液的循环利用技术；积极采用鞣后紧缩工艺，将主鞣后的湿整理工序尽可能合并，减少水洗，提高效率，节约用水；积极使用新型节水转鼓取代旧式转鼓，降低单位产品的耗水量；积极应用制革废水分段交叉循环利用工艺，将生产中的部分水洗废水进行收集，在工艺允许条件下应用于其他工序，从而减少废水排放量。

（5）采用减少中性盐排放的清洁生产技术

制革排放的中性盐主要有两类：氯化物和硫酸盐。氯化物主要产生于原料皮的保藏过程（原料皮含盐 20% ~ 30%）和制革浸酸工艺（食盐用量为灰皮质量的 6% ~ 8%）。硫酸盐主要来自于工艺过程中使用的硫酸，以及大量含有硫酸盐的皮革化工材料。中性盐溶于水且稳定，很难通过常规废水处理方法除去。因此，制革企业应力求从源头上减少中性盐的排放。园区内企业应采用生皮甩盐工艺，盐湿皮必须先用转笼甩盐再浸水，减少废水含盐量。积极推广应用新型助剂取代食盐，实现少盐/无盐浸酸鞣制，或使用新型预鞣剂进行不浸酸鞣制。

制革园区在应用了源头污染控制、废液循环利用、废水末端治理、固废资源化利用与无害化处置链接集成技术后，最终各项环保指标应达到《制革行业清洁生产评价指标体系》（2017 年第 7 号）和《制革及毛皮加工工业水污染物排放标准》（GB 30486—2013）中的要求。

4.1.4 绿色制造的LCA评价

2015年9月，中共中央、国务院印发了《生态文明体制改革总体方案》(中发〔2015〕25号)，提出："建立统一的绿色产品体系，将目前分头设立的环保、节能、节水、循环、低碳、再生、有机等产品统一整合为绿色产品，建立统一的绿色产品标准、认证、标识等体系。"2016年9月工业和信息化部在《关于开展绿色制造体系建设的通知》(工信厅节函〔2016〕586号)中提出，到2020年，绿色制造体系初步建立，绿色制造相关标准体系和评价体系基本建成，建设百家绿色园区和千家绿色工厂，开发万种绿色产品，创建绿色供应链。

绿色制造体系建设包括绿色产品、绿色供应链、绿色工厂、绿色园区。绿色产品侧重于产品全生命周期的绿色化。绿色供应链按照产品全生命周期理念，实施绿色伙伴式供应商管理，搭建供应链绿色信息管理平台，带动上下游企业实现绿色发展。绿色工厂侧重于生产过程的绿色化；推广绿色设计和绿色采购，开发生产绿色产品，采用先进适用的清洁生产工艺技术。绿色园区侧重于园区内工厂之间的统筹管理和协同链接。推动园区内企业开发绿色产品、龙头企业建设绿色供应链。

绿色制造引入了生命周期评价的概念，生命周期评价方法依据GB/T24040、GB/T24044的基本原则和方法框架指定，用于各类制革及毛皮加工产品的生命周期评价，如以牛皮、猪皮、羊皮等为主要原材料经系统的物理和化学处理制得的半成品革或成品革。通过生命周期评价，可以全面取得制革工艺的各方面数据，提供扎实基础，科学引导清洁制革研发。

本书以传统毛皮加工过程生产羊剪绒为研究对象，采用生命周期评价方法计算传统毛皮加工过程主要工序的各项环境影响指标值，包括一次能源消耗（PED)、酸化潜值（AP)、富营养化潜值（EP)、全球变暖潜值（GWP）等指标。建立了包括浸水、脱脂、浸酸、鞣制、复鞣、加脂6个主要工序的整个生命周期模型，通过收集每个工序的消耗和排放数据得到完整的生命周期清单，并采用生命周期评价分析软件eBalance［软件内置了中国生命周期基础数据库（CLCD)、欧盟ELCD数据库和瑞士的Ecoinvent数据库］来进行传统毛皮加工过程的生命周期影响评价。

目的和范围确定：研究目的是分析传统毛皮加工生产羊剪绒过程中各个

主要工序产生的环境影响，以确定造成严重环境影响的关键工序，并由此提出传统毛皮加工过程的改进工艺，使毛皮加工生产朝着环境友好的方向健康发展。按照 LCA 评价的要求，功能单位必须是明确规定并且可测量的。本书选取 1 t 毛革白坯皮作为功能单位。本次评价的系统边界为盐湿皮加工到羊剪绒的过程，主要包括浸水、脱脂、浸酸、鞣制、复鞣、加脂 6 个生产工序及废水处理过程，研究过程的系统边界如图 4－1 所示。需要说明的是，本书选择的工序不包括毛皮加工过程中湿整饰的染色和后续的干整饰，但并不影响 LCA 得出结论的可用性。原因是染色和干整饰工段在很大程度上取决于最终产品的需求，难以获取具有代表性的数据，导致无法得出普遍适用的生命周期评价结果。本书的系统边界也不考虑毛皮加工过程中使用的机械设备对环境的影响。

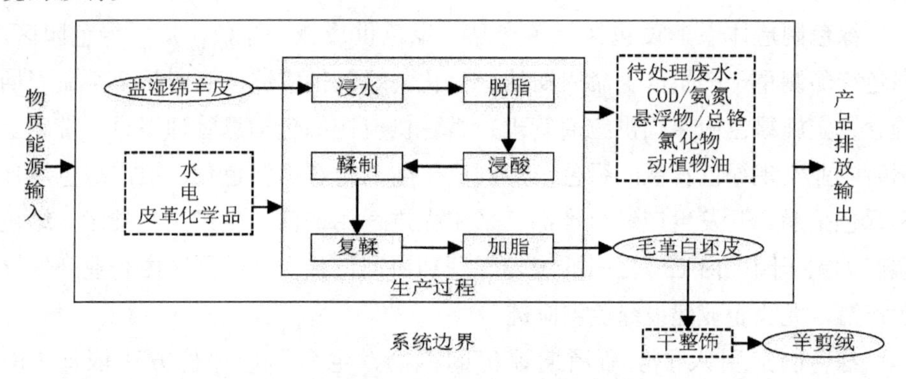

图 4－1　毛皮加工过程生命周期系统边界

清单分析：毛皮加工生命周期过程中所消耗的资源和能源，主要包括水耗、电耗和皮革化学品的消耗。水耗和皮革化学品的输入数据主要是依据企业的生产工艺而定，电耗的输入根据实际操作中机器运作的时间和机器本身的功率计算得到。毛皮加工过程全生命周期中的环境释放主要排放仅考虑废水，以实际调研所得各工序废水产生量为依据，再通过软件模拟毛皮加工过程产生的废水处理过程，根据所得结果分析其对各环境类别产生的影响。

生命周期评价：毛皮加工过程的生命周期影响评价（life cycle impact assessment，LCIA）是依据 ISO14040 和相关国际标准建立的框架进行评价，根据清单分析涉及的物质和能源消耗数据及污染物排放数据，对毛皮加工过程产生的环境影响进行评价。

在生命周期清单分析结果的基础上，利用 eBalance 软件可以直接进行分类和特征化。对于任何一种与人类活动有关的资源环境问题，通过建立环境和人类健康的因果关系模型，可以得到用来衡量相同数量的不同物质对于同一种相关影响类型的贡献大小的当量因子，将该因子应用于产品的生命周期清单表，可计算出产品生命周期对该影响类型的贡献。eBalance 内置了一套特征化指标组，包括若干个特征化指标，在每一个特征化指标下，有与其相关的清单物质名称及特征化因子。本书选择的与毛皮加工工序关系密切的环境评价指标包括一次能源消耗（PED）、酸化潜值（AP）、富营养化潜值（EP）、全球变暖潜值（GWP）。

利用软件核算出毛皮加工过程各工序生命周期各类环境影响特征化指标的各类环境影响类型贡献，如图 4 – 2 所示。对图 4 – 2 进行数据分析知 PED、

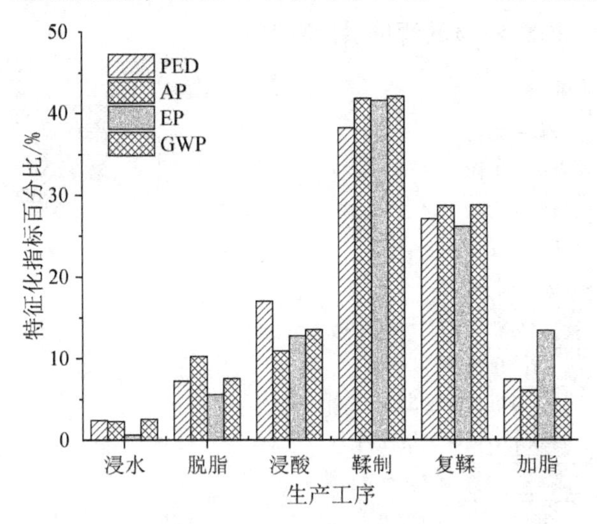

图 4 – 2　毛皮加工过程各工序对特征化指标的贡献

AP、EP、GWP 4 项环境影响类型贡献最大的是鞣制工序，其次是复鞣、浸酸、加脂、脱脂、浸水工序。鞣制和复鞣工序是造成环境污染的主要单元，这两个生产工序对各类环境影响类型的贡献合计达到了 71.34%，主要原因是在这两个工序消耗使用了大量铬鞣剂，因而间接承担了铬鞣剂生产过程中的环境影响。

进一步对特征化的结果进行归一化处理。归一化是为了便于不同指标之间的比较而将数量进行无量纲化的一种方法。归一化的具体方法为将产品或系统的特征化指标值除以相应的归一化基准值，归一化基准值通常为特定范围内（如全球、区域或局地）的特征化指标的总量，从而得到一个无量纲数值。归一化的目的是为了更好地辨识此产品或系统主要的环境影响类型。

采用 eBalance 软件内置的名为“CN – 2010”的归一化方案，该方案采用

2010年中国的资源消耗和环境排放总量作为基准值,计算得到毛皮加工过程产生的各类环境影响类型的归一化指标,其中一次能源消耗(PED)为9.72E-10、酸化潜值（AP）为9.92E-10、富营养化潜值（EP）为2.59E-09、全球变暖潜值（GWP）为5.81E-10。可知富营养化潜值（EP）是毛皮加工全生命周期中最主要的环境影响类型，酸化潜值（AP）、一次能源消耗（PED）、全球变暖潜值（GWP）次之。

绿色设计改进方案：利用eBalance软件的分析功能得出毛皮加工过程中不同生产工序对各类环境影响类型的敏感度，为了更直观地展现毛皮加工全生命周期生产工序对各类环境影响类型的贡献，如图4-3所示，罗列了不同环境影响类型敏感度>1%的清单累计数据。

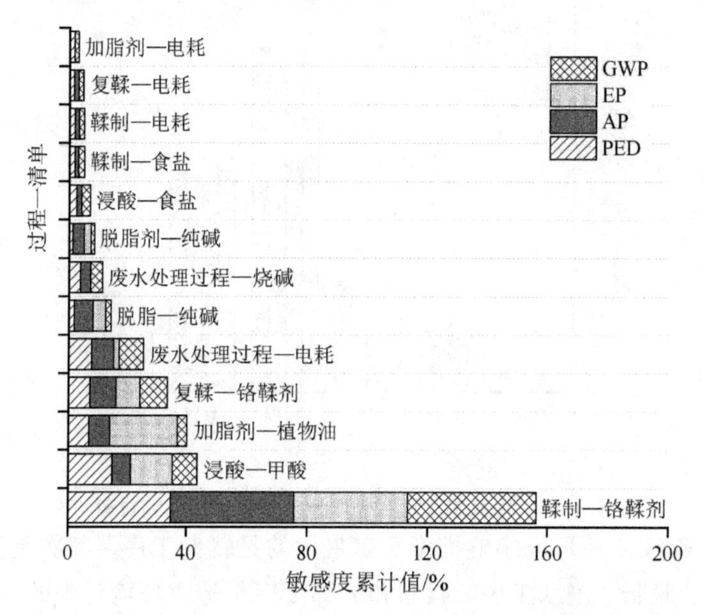

图4-3　毛皮加工过程各工序对不同环境影响指标的敏感度累计

由图4-3可知，毛皮加工过程带来的环境影响负荷主要源于各个工序对皮革化学品的大量消耗，鞣制工序中铬鞣剂的消耗是各个指标贡献最大的过程，其次是浸酸工序中甲酸消耗和加脂工序中加脂剂的消耗，然后是复鞣工序中铬鞣剂的消耗，废水处理过程中的电耗次之。因此，可根据以上结果对毛皮加工过程进行改进，进行清洁生产。从生命周期角度出发对制革及毛皮加工工业相关皮革化学品进行环境影响评价分析是清洁生产的重要依据。

需要指出的是，上述结果似乎与污染源解析结果差异较大，但其实这是两种方法的侧重点不同而已。对于铬鞣剂，LCA包含了生产铬鞣剂带来的环境污染，它是对生产铬鞣剂的各种环境影响进行了累加。而且 LCA 的评价指标与污染源解析是不一样的，LCA 没有单独考虑具体的污染指标（如 COD、氨氮等），考虑的是富营养化潜值、酸化潜值等。简单讲，LCA 考察的是生产铬鞣剂的环境影响，而污染源解析是进入废水中的铬鞣剂的污染负荷。LCA 是污染源解析的有效补充。因此，从 LCA 分析结果来看我们也应该尽量不使用铬鞣剂，而应采用无铬鞣剂及其环境友好的配套材料。

4.2 皮革行业水污染控制技术路线图

2015 年 8 月 30 日，中国皮革协会七届五次理事扩大会议在上海召开，会上正式发布了《制革行业节水减排技术路线图》（简称《路线图》）[13]，于 2018 年 8 月进行了第一次修订[66]。本《路线图》从推动我国由制革大国向制革强国迈进的战略高度，在广泛调研国内外制革行业技术发展状况的基础上，甄选符合行业实际需求、可操作性强的技术工艺；在科学分析的基础上，明确行业未来 5 ~ 10 年的节水减排目标，以及配套的技术路线图，为前瞻性地引导制革行业技术革新与技术投资提供科学依据，同时为政府管理部门提供政策制定的决策依据。该《路线图》内容涵盖“制革行业节水减排现状”“节水减排技术发展存在的问题”“节水减排需求分析”“节水减排支撑技术”“关键技术研发与重点发展方向”“制革行业节水减排技术路线”六大方面。

《路线图》中划定了 2020 年及 2025 年两个节点的节水减排目标。其中，第 1 个节点（2015—2020 年）减排目标是以 2014 年的数据为基准，经过大量的调研和数学建模后得出，对于废水排放量、COD 排放量、氨氮排放量、总氮排放量、总铬排放量、含铬皮类固废产生量六大指标，都有详尽的规划。第 2 个节点（2020—2025 年）减排目标在 2020 年的基础上，进一步实现上述六大指标的减排。

按照《路线图》中公布的节水减排目标，2020 年要实现以下节水减排目标：单位原料皮废水排放量由 50 ~ 60 m^3/t 降到 45 ~ 55 m^3/t，削减率达到 9.7%；单位原料皮 COD 排放量由 6.5 ~ 7.8 kg/t 降低到 4.5 ~ 5.5 kg/t，削减率达到 30.5%；单位原料皮氨氮排放量由 1.5 ~ 1.8 kg/t 降低到 0.9 ~ 1.1 kg/t，削减率达到 39.8%；单位原料皮总氮排放量由 3.5 ~ 4.2 kg/t 降低到 2.2 ~ 2.8 kg/t，削减率达到 35.5%；单位原料皮总铬排放量由 0.018 ~ 0.022 kg/t 降低到0.014~0.017 kg/t，削减率达到27.7%；单位原料皮含铬皮类固废产生量由80~125 kg/t降低到72 ~113 kg/t，削减率达到9.7%。

2025年的减排目标则是在2020年的基础上，实现进一步削减。具体减排目标如下：单位原料皮废水排放量降低到40~50m^3/t，比2014年减少19.3%；单位原料皮COD排放量降低到4.0~5.0 kg/t，比2014年减少37.9%；单位原料皮氨氮排放量降低到0.6~0.7 kg/t，比2014年减少59.6%；单位原料皮总氮排放量降低到1.6~2.0 kg/t，比2014年减少53.9%；单位原料皮总铬排放量降低到0.010~0.013 kg/t，比2014年下降48.3%；单位原料皮含铬皮类固废产生量降至64~105 kg/t，比2014年削减16.5%。

通过数据对比不难发现，距离2020年和2025年的减排目标，需要减排的幅度还是比较大的。为此，《路线图》首先明确了三大支撑技术，分别从源头控制、节水、末端治理3个方面入手，实现节水减排目标，每一大支撑技术里面又包含了多项具体的技术。

针对制革行业节水减排关键技术的研发和重点发展方向，在充分调研的基础上，该《路线图》对制革行业各项节水减排技术进行了分类排序，划分出近期发展需求12个、中期发展需求8个、远期发展需求3个，并按照化工材料、工艺装备、资源环境三大边界范围进行分类，并确定每项技术的发展历程。在化工材料中近期发展需求为无铬鞣剂和无铵脱灰、软化剂；中期发展需求为环保型染料，环境友好表面活性剂，低/无甲醛鞣剂、复鞣剂，高吸收染整材料及助剂和水基涂饰剂。在工艺装备中近期发展需求为节水工艺、铬减排工艺、节水装备、节盐工艺；中期发展需求为保毛脱毛工艺和无铬鞣制工艺；远期发展需求为制革生物（酶）技术。在资源环境中近期发展需求为皮革固废资源化利用技术、制革污泥处理与资源化利用技术、废液循环利用技术、废水生物处理技术和制革废水脱盐技术；中期发展需求为废水分质预处理技术；远期发展需求为废水深度处理技术和制革废气减排技术。按照化工材料、工艺装备和资源环境三大边界范围，对制革行业各项节水减排技术进行了分类，并确定每项技术的发展历程，结果如图4-4所示。

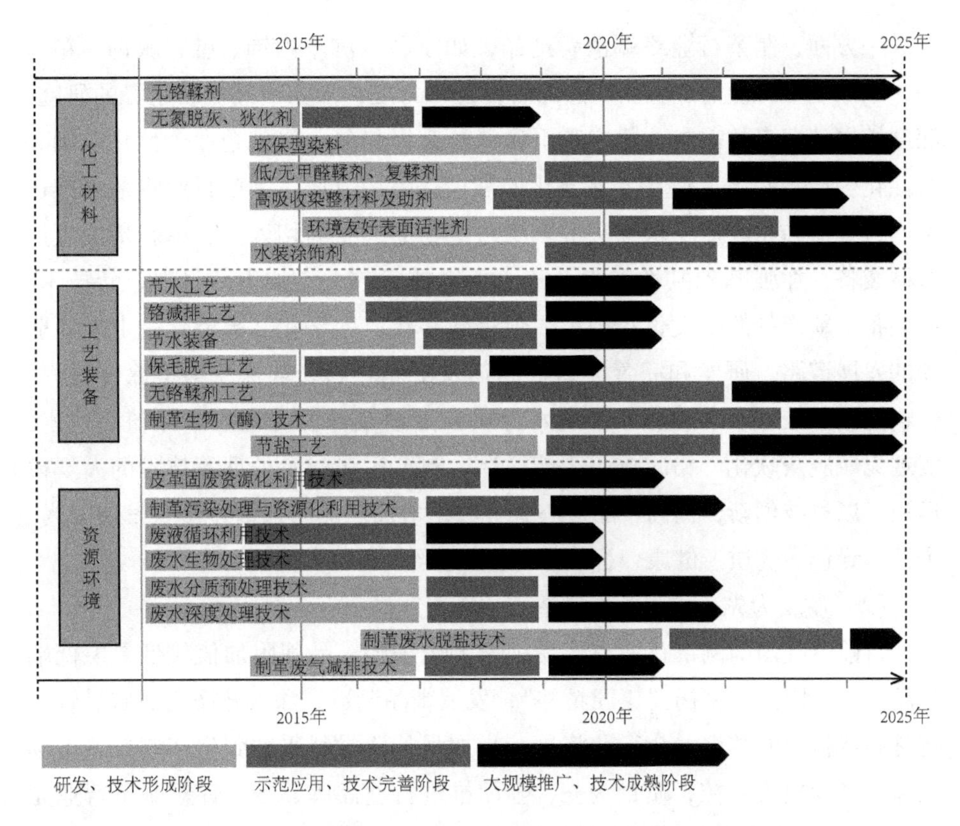

图 4-4　我国制革行业节水减排技术路线（按发展历程排序）

4.3　皮革行业水污染控制技术发展策略

经过多年的快速发展，我国皮革工业已经进入产业提升期。我国制革行业将以科技、创新、协调、绿色发展理念为引领，以市场为导向，以人才为支撑，全力做好创新驱动、智能转型、结构优化、质量为先，绿色发展和全球融合，着力改进生产模式，实施“品种、品质、品牌”战略，稳增长、调结构推进行业转型升级，实现“制革大国”向“制革强国”迈进的跨越式发展。未来，制革行业将呈现以下趋势[67-68]。

（1）创新驱动，提升有效供给水平

目前，制革行业整体研发设计能力较低，发展理念亟须提高，创新投入不足，产品同质化竞争严重，严重制约了企业创新发展。未来，制革行业要以创新为支撑，引领经济结构优化升级，有效推动行业向全球价值链高端跃升。一方面，制革行业终端消费产品，如家私、汽车内饰、鞋、服饰、箱包等，未来制革行业需加大新产品的研发设计力度，加强产品流动趋势的研究，深度挖掘消费者的需求，适应和引领消费升级趋势，促进企业个性化定制和柔性化生产，并满足消费者差异化的需求。另一方面，制革行业将继续推进生产过程清洁化改造，从源头上减少污染物的产生为切入点，革新传统生产机械装备，加强基础共性技术及核心关键技术攻关，加大新材料、新技术、新装备、新产品的研发设计力度，促进数字化、网络化、智能化，走创新驱动的发展道路。研发和完善无铬鞣制剂及配套材料、环保型染整涂饰材料、生物酶制革技术、节盐技术、废水分质预处理及深度处理技术等核心技术，实现无氨脱灰软化、铬减排、废液循环、制革污泥减量处理等技术的大规模运用，以科技创新，提高产品核心竞争力，增加产品附加值，重点发展时尚、个性、绿色、优质、健康、智能等行业新供给。

（2）质量为先，加强智能制造

目前，我国的制革行业整体品牌影响力偏弱，品牌附加值较低，中低端产品过剩。因此，弘扬“工匠精神”，发展精品制造，深入开展全面质量管理将是制革行业的共识。全行业将进一步加强从原材料采购到生产制造、市场渠道全流程质量管控，质量为先，全面推进行业品牌建设。针对制革行业尤其是产品附加值较低的中小企业“两化融合”动力不足、自动化改造方面进展不大、生产效率提升缓慢及存在大量落后产能问题，未来制革行业将以智能制造为突破口，全面提高劳动生产率，强化行业整体竞争力。开发推动制革生产过程的自动输送线，转鼓全自动控制系统，挤水、拉软、干燥过程的机械自动化传输生产线，提高制革机械关键设备如去肉机、剖层机、削匀机、辊涂机、干燥机等设备的自动化程度和加工精度，提升生产全过程自动化水平。积极采用3D设计，逐步实现研发设计的数字化、标准化，在产品的流行款式、色彩等时尚元素方面，不断缩短与国际流行前沿的差距，提高研发响应速度，降低物料消耗，增加品牌附加值，提升品牌影响力。

（3）区域结构优化，增强集群竞争力

目前，我国制革行业正在快速发展中，存在着结构性矛盾，制革行业存在生产集中度不够、企业规模较小、数量较多等问题。集中生产是制革行业未来发展的主要方式，也是国外制革行业发展的先进经验。未来制革行业将继续引导产业有序向中西部地区梯度转移，东部区域立足转型升级、提质增效，中西部高起点承接转移，充分利用区位、资源、分工协作、产销网络等优势，做到承接转移与升级同步，优化产业分工格局，促进区域协调发展。未来制革行业上下游资源将进一步向产业集群聚集，构建以大企业为主导、中小企业专业化分工、相互配套协作、上下游连接紧密的产业组织体系，通过产业集群明确定位、发挥优势、突出特色，实现全行业差异化竞争。

（4）绿色制造，发展生态皮革

推行清洁生产，改变单一的末端污染治理，实行工业污染的全过程控制，走可持续发展道路的有效途径，这是促进经济与环境协调发展、开创制革行业污染防治新局面的战略性措施。开展节能减排，保护环境，转变增长方式，通过科技创新，提高产品核心竞争力，提高产品附加值，发展生态绿色皮革是制革行业的发展方向。生态皮革包含以下 3 个方面含义：一是制革生产过程对环境无害；二是产品使用过程中对人体无害；三是产品可最终生物降解，不会成为新的污染源。在生产过程中，制革行业将更加注重清洁化生产技术的应用，发展绿色化工和无污染工艺，并注重工艺内的再利用与循环工艺。具体包括研发和完善无铬鞣制剂、环保型染整和涂饰材料、生物酶制革技术、节盐技术、废水分质预处理及深度处理系统、制革污泥处理技术、减排装备和清洁生产技术集成等。

参考文献

[1] 2017年中国制革行业现状分析、市场竞争格局分析及未来发展趋势预测[EB/OL].(2017-05-11)[2019-11-19].http://www.chyxx.com/industry/201705/521402.html.

[2] 2018年中国制革行业研究报告[EB/OL].(2018-04-13)[2019-11-19].https://www.sohu.com/a/228125237_100083393.

[3] 李桃梅.新经济常态下皮革行业的转型升级研究[J].西部皮革，2018,40(15):92.

[4] 单志华.食盐与清洁防腐技术[J].西部皮革，2008,30(12):28-33.

[5] 高明明，柴晓苇，曾运航，等.制革废水中的氯离子含量及来源分析[J].皮革科学与工程，2013(5):46-50.

[6] 魏俊飞，马宏瑞，郗引引.制革工段废水中COD、氨氮和总氮的分布与来源分析[J].中国皮革，2008(17):35-37,43.

[7] WANG Y N, ZENG Y H, LIAO X P, et al. Removal of calcium from pelt during bating process: an effective approach for non-ammonia bating [J]. Journal of the american leather chemists association, 2013, 108 (4): 120-127.

[8] 周建.制革铬鞣工艺过程铬排放规律及减排技术研究[D].成都：四川大学，2013.

[9] 赵庆良，李伟光.特种废水处理技术 [M].哈尔滨：哈尔滨工业大学出版社，2004.

[10] 张宗才，殷强锋，戴红，等.制革排放物中污染物分析[J].皮革科学与工程，2002(5):44-48.

[11] 王科.水解酸化+CASS工艺处理制革废水生产性试验研究[D].哈尔滨：哈尔滨工业大学，2007.

[12] 傅学忠.含硫脱毛废水的危害及处置[J].皮革与化工，2012,29(2):27-30.

[13] 邵立军.引导产业发展方向支撑产业转型升级：聚焦《制革行业节水减

排技术路线图》发布[J]. 中国皮革，2015,44(16):68－71.

[14] 王睿. 以皮革制品及鞋类标准化推动产业升级，改善产业环境[C]//中国科学技术协会. 经济发展方式转变与自主创新：第十二届中国科学技术协会年会（第一卷）. 福建：中国科学技术协会学会学术部，2010：237－240.

[15] 王丹. 发展中的中国制革机械行业[J]. 中国皮革，2008(17):59－62.

[16] 李晓燕，王宵宵. 喜与忧，话发展：行进中的中国制革机械[J]. 中国皮革，2016,45(6):75－79.

[17] 汪晓鹏. 我国皮革化工的研发进展[J]. 西部皮革，2018,40(1):17－20.

[18] 李广平. 我国皮化材料今后之发展[J]. 皮革化工，2002(5):8－12.

[19] 张淑华. 当代皮革化学工作者的神圣职责及义务[J]. 精细化工，2008(2):105－108.

[20] 关于征求《皮革及毛皮加工工业污染防治可行技术指南》（征求意见稿）意见的函[EB/OL].(2014－01－17)[2019－11－19]. http://www.mee.gov.cn/gkml/hbb/bgth/201401/t20140123_266846.htm.

[21] 孙凌凌，俞从正，马兴元. 对欧盟皮革行业综合污染预防及控制（IPPC）的解读[J]. 中国皮革，2010,39(3):39－42,47.

[22] 陈博，张辉，强西怀，等. 高吸收铬鞣助剂的研究进展[J]. 中国皮革，2019,48(4):41－46.

[23] 梁卫明. 浅谈皮革加工废水污染防治的策略创新[J]. 科技创新与应用，2013(16):167.

[24] 张淑华，徐永，苏超英. 中国皮革史[M]. 北京：中国社会科学出版社，2016.

[25] 马宏瑞. 制革工业清洁生产和污染控制技术[M]. 北京：化学工业出版社，2004.

[26] 王坤余，琚海燕，刘姝，等. 节水技术与制革工业的可持续发展[J]. 中国皮革，2006(1):20－23.

[27] WU J，ZHAO L，LIU X，et al. Recent progress in cleaner preservation of hides and skins[J]. Journal of cleaner production，2017,148(Complete):158－173.

[28] 马建中，吕斌，薛宗明. CMI 系列酶制剂在浸水中的应用研究[J]. 皮革

科学与工程，2006,16(6):20 – 26.

[29] 但卫华，王慧桂，曾睿，等. 酶制剂在制革工业中的应用及其前景[J]. 中国皮革，2005(7):39 – 42,46.

[30] CRANSTON R W, DAVIS M H, SCROGGIE J G. Practical considerations on the Sirolime process [J]. Journal of the society of leather technologists and chemists, 1986,70:50 – 55.

[31] CRANSTON R W, DAVIS M H, SCROGGIE J G. Development of the "sirolime" uhairing process[J]. Journal of the American leather chemists association, 1986,81:347 – 355.

[32] CHRISTNER, J. Pros and cons of a hair – save process in the beamhouse [J]. Journal of the American leather chemists association, 1988,83:183 – 192.

[33] BLAIR T G. The blair system[J]. Leather manufacture, 1986,18(12):104.

[34] 丁志文，陈国栋，庞晓燕. 浸灰废液全循环利用技术应用实例[J]. 中国皮革，2017,46(8):66 – 67.

[35] KOLOMAZNIK K, BLAHA A, DEDRLE T, et al. Non – ammonia deliming of cattle hides with magnesium lactate [J]. Journal of the American leather chemists association, 1996,91(1):18 – 20.

[36] SUI Z H, ZHANG L, SONG J. Properties of environment friendly nitrogen – free materials for leather deliming[J]. Advanced materials research, 2012, 532 – 533:126 – 130.

[37] 但卫华，王坤余. 生态制革原理与技术[M]. 北京：中国环境科学出版社，2010.

[38] 丁志文，庞晓燕，陈国栋. 铬鞣废液全循环利用技术应用实例[J]. 中国皮革，2017,46(10):43,56.

[39] 丁志文，谢少达，谢胜虎，等. 一种铬鞣废液的循环利用方法：201110321853. 1[P]. 2013 – 10 – 16.

[40] 杨萌，李瑞，李伟，等. 常用无铬结合鞣法的应用[J]. 皮革科学与工程，2015,25(2):27 – 31.

[41] XIE J P, DING J F, MANSON T J. Influence of power ultrasound on leather processing Part1: Dyeing[J]. Journal of the American leather chemists association, 1999,94:146 – 157.

[42] SIVAKUMAR V, RAO P G. Application of power ultrasound in leather pro-

cessing: an eco – friendly approach [J]. Journal of cleaner production, 2001,9(1):25 – 33.

[43] 李洪波．制革厂的清洁生产技术：铬鞣废液中铬的资源化利用研究[D]. 广州：中山大学，2007.

[44] 马颖颖，吴波．内电解法在制革废水处理中的应用及进展[J]. 皮革化工，2007(3):11 – 13.

[45]徐丹丹,李晶,赵晨光,等．水解酸化工艺的研究进展及应用[J]. 中国资源综合利用，2010,28(1):53 – 55.

[46] 张鹏，赵衍武，郭宏山．厌氧生物处理反应器概述[J]. 当代化工，2013,42(6):784 – 787.

[47] 王乾扬，方士，陈国喜，等．膜法 SBR 工艺处理皮革废水研究[J]. 中国给水排水，1999(3):55 – 57.

[48] 荣佳慧，张卿尧，韦浩，等．膜生物反应器研究及应用现状[J]. 黑龙江科技信息，2015(7):16.

[49] 郑根江．膜生物反应器在水处理中的应用[J]. 水处理技术，2008(10): 10 – 12.

[50] 贺延龄．废水的厌氧生物处理[M]. 北京：中国轻工业出版社，1998.

[51] 鄢锐，田立娇，赵国柱，等．分段进水 A/O 工艺生物脱氮技术分析[J]. 环境科技，2010,23(S2):34 – 37.

[52] 阮晓卿，吴浩汀．制革废水高浓度氨氮脱氮技术探讨[J]. 中国皮革，2008(19):46 – 47,52.

[53] 陈万鹏．制革废水氨氮处理技术探讨[J]. 皮革与化工，2009,26(6): 26 – 29.

[54] 林毅，孟庆强．AB 工艺减少污泥重金属的效果[J]. 生态环境学报，2010,19(2):296 – 299.

[55] 余陆沐．人工湿地在制革废水深度处理中的应用[J]. 中国皮革，2008(19):44 – 45.

[56] 姜艳丽．环境工程中的高级氧化技术及典型实例分析[M]. 哈尔滨：黑龙江教育出版社，2012.

[57] 姜程程，商志娟，王进岗，等．Fenton 与类 Fenton 技术的研究与应用[J]. 广州化工，2016,44(10):11 – 13.

[58] 王翠．电化学氧化法在中水回用中的应用[D]. 天津：河北工业大

学，2004.

[59] 丁绍兰，曹凯，李华，等．水解多级好氧耦合工艺处理制革废水的研究[J]. 中国皮革，2017,46(8):56-65.

[60] 王欢．絮凝—磁分离技术处理废水性能研究[D]. 大连：大连理工大学，2017.

[61] 胡栋梁，方亚平，温会涛，等．电渗析和反渗透耦合深度处理制革高盐废水的研究[J]. 水处理技术，2017,43(11):107-111.

[62] 权维强．海绵铁还原耦合微波强化非均相 Fenton 技术处理皮革废水研究[D]. 兰州：兰州交通大学，2015.

[63] 陈华东，于红霞，王睿，等．臭氧—移动床生物膜组合工艺深度处理制革综合废水中试[J]. 环境工程，2016,34(S1):210-214.

[64] 常敏，马宏瑞，郝永永，等．毛皮加工废水厌氧生物处理效能的初步研究[J]. 中国皮革，2018,47(1):50-55.

[65] 俞从正，陈永芳，马兴元，等．皮革工业环境污染的对策（Ⅰ）：世界皮革工业的环境状况[J]. 中国皮革，2004(17):32-37.

[66] 制革行业节水减排技术路线图[EB/OL]. (2015-10-21)[2019-11-19]. http://www.cinic.org.cn/site951/qgpd/2015-10-21/800541.shtml.

[67] 皮革行业发展趋势[EB/OL]. (2019-11-07)[2019-11-19]. http://www.chinaleather.org/front/article/110077/4.

[68] 钟格．创新驱动，中国制革行业动力转换正当时[J]. 西部皮革，2018,40(9):135.

致　谢

在本书完成之际，特别感谢在本书完成过程中给予过帮助的企业与个人。在此特别感谢浙江瑞星皮革有限公司、浙江卡森皮革有限公司、浙江大众皮业有限公司、河北辛集皮革园区管委会、河北东明集团实业有限公司、辛集市梅花皮业有限公司、河北杜鹏皮革有限公司、河北开阳皮革有限公司、河南焦作隆丰皮草企业有限公司等多家皮革和毛皮生产企业的帮助与支持。另外，还特别感谢中国皮革协会及中国皮革和制鞋工业研究院给予的相关行业资料及数据的支持，在此向他们表示衷心的感谢。在本书的编辑过程中，我们参考了大量的文献资料，在此，向这些作者及其文献给予的帮助表示感谢。最后，还要感谢咨询专家及行业工作者，在此一并致以谢意！